U1005999

杉木优异品系选育及扩繁技术研究

Study on Selection of Chinese Fir Elite Lines and the Propagation Techniques

郑会全　胡德活　李　云　韦如萍　等　编著

中国林业出版社

图书在版编目（CIP）数据

杉木优异品系选育及扩繁技术研究 / 郑会全等编著.
— 北京：中国林业出版社，2023.12
ISBN 978-7-5219-2370-4

Ⅰ.①杉… Ⅱ.①郑… Ⅲ.①杉木－选择育种－研究
②杉木－栽培技术－研究 Ⅳ.①S791.27

中国国家版本馆CIP数据核字（2023）第186829号

策划编辑：李　敏
责任编辑：王美琪
装帧设计：北京点击世代文化传媒有限公司

出版发行　中国林业出版社（100009，北京市西城区刘海胡同7号，电话 010-83143575）
电子邮箱　cfphzbs@163.com
网　　址　www.forestry.gov.cn/lycb.html
印　　刷　北京中科印刷有限公司
版　　次　2023年12月第1版
印　　次　2023年12月第1次印刷
开　　本　787mm×1092mm　1/16
印　　张　11
彩　　插　8面
字　　数　227千字
定　　价　78.00元

著者名单

主要著者 **郑会全 广东省林业科学研究院**

博士，教授级高级工程师，研究生导师

胡德活 广东省林业科学研究院

研究员，研究生导师

李 云 北京林业大学

博士，教授，博士生导师

韦如萍 广东省林业科学研究院

博士，研究员

其他著者 **广东省林业科学研究院**

王润辉 晏 姝 黄 荣 伍观娣

北京林业大学

孙宇涵 段红静 胡瑞阳 吴夏雷

韶关市曲江区国有小坑林场

刘伟新 吕宇宙 梁瑞友 杨柏群

乐昌市龙山林场

林 军 赖旭恩 邓文剑 邓智曦

华南农业大学

苏 艳

PREFACE 前言

杉木 [*Cunninghamia lanceolata*（Lamb.）Hook.] 是我国特色乡土针叶用材树种和碳汇树种，具有分布广、速生、材质优良、用途广且无明显病虫害等特点。据第九次全国森林资源调查结果，我国杉木人工林面积和蓄积量分别达到 1.34 亿亩[1] 和 6.25 亿 m^3，分别占全国人工乔木林主要优势树种的 1/5 和 1/4，均排名第一。显然，杉木在中国林业建设中具有无可争议的重要地位。

杉木在中国有 3000 多年的栽培历史，但育种历程相对较短，即便如此，历经近 60 年的科技攻关，我国在杉木良种选育和速生丰产林建设方面成绩斐然，大量杉木良种木材供应市场，为社会经济发展作出了重要贡献。近年来，随着市场的变化发展，国内外市场对杉木的用材需求正从数量型向数量与木材品质并重多种用途型转变。新常态下国家商品林和碳汇林建设急需高值耐逆新品系，而加快杉木优异新品系选育步伐是满足这种市场需求的关键。鉴于此，2008 年以来，广东省林业科学研究院联合北京林业大学、华南农业大学、韶关市曲江区国有小坑林场（简称“小坑林场”）、乐昌市龙山林场（简称“龙山林场”）等省内外多个杉木研究协作单位，在国家自然科学基金、国家林业公益性行业科研专项、广东省科技计划等的支持下，系统开展了杉木优异品系选育及扩繁技术研究工作。在解决杉木种业传统用种类型单一，种子园建园耗时长，产量“大小年”突出，以及组培育苗程序繁琐、成本高，种质遗传基础不清等问题方面取得了重要突破。主要研究结果如下：

（1）通过系统调查，扩选广东特有红心材杉木类型——乐昌油杉优树资源 104 份，优树材积增益≥82.6%、平均红心材比率 52.0%，木材基本密度等材质性状变异广泛；同期引进江西陈山红心杉育种亲本 51 个，构建了红心材杉木育种群体。经测定发现，红心材杉木无性系树高、胸径、材积、木材基本密度等性状差异极显著，早期（6 年生）红心材特征表现各异，有 40 个无性系凸显红心材特征，红心材重现率≥50% 的无性系有 14 个。生长性状间及早期红心材特征与木材基本密度间均为显著或极显著正相关关系。以胸径为选择指标，对红心材重现率≥50% 的无性系进行再选择，获 11 个速生红心材

[1] 1亩=0.0667hm^2，下同。

无性系，这些无性系红心材出现时间早、速生性强、木材基本密度和红心材比率高。

（2）对杉木基因库、育种园核心无性系性状表现做系统测定分析发现，不同无性系生长（树高、胸径、材积、冠幅）、材质（木材基本密度、心材比率、木材吸水率、管胞长度、管胞宽度、管胞长宽比）、花量（雌花量、雄花量）、结实力等方面变异广泛。性状重复力介于0.36~0.87，生长性状间为显著至极显著正相关关系，生长和材质性状间、各材质性状间的相关关系则因性状不同而异。以同一林分无性系群体为选择单元，群体均值为选择基线，并对不同林分同一无性系表现水平进行比较，优选出速生型无性系32个、速生多果型无性系10个、速生优质型无性系7个、纸浆材型无性系24个、窄冠型无性系12个、薄皮型无性系13个、银枝观赏型无性系7个。

（3）基于杉木第二代种子园半同胞家系多地点测定结果（16年生），筛选出6个速生广适型家系、6个区域速生型家系，平均单株材积比群体均值分别提高6.10%、9.45%~16.62%，比第一代改良种子园良种分别提高6.55%、9.92%~17.12%。经区域测定，筛选出9个速生耐热家系，较第一代改良种子园良种，胸径现实增益达17.36%~24.50%。采用PEG6000模拟干旱试验及隶属函数法，筛选出5个耐旱型家系、1个耐旱型无性系。对采穗圃母株无性系针叶氮（N）、磷（P）、钾（K）、钙（Ca）、镁（Mg）含量作测评，选出10个高效营养型无性系。

（4）以17年生和19年生两处杉木无性系测定林生长材质性状数据为源数据，构建了8个多性状指数选择方程，极大地提高了杉木无性系多性状选择的效率与精度，选择指数值与综合育种值间的相关系数可达0.695~0.869。采用单株材积、心材比率和木材基本密度性状平均值及选择指数方程计算选择指数并作出抉择，可得到较大材积增益，且木材基本密度和心材比率增益显著大于传统的材积选择方法。

（5）率先建立杉木基因组简化SRAP分子标记技术，揭示了乐昌油杉在杉木居群遗传格局中的地理特异性。结果还证实扩选的乐昌油杉优异资源分子变异程度相对较高，遗传多样性处于中等偏上水平，育种价值高。利用上述SRAP分子标记技术系统解析了速生型、速生优质型、红心材型、纸浆材型、窄冠型、薄皮型、银枝观赏型、速生多果型、耐旱型、高效营养型等杉木特异类型资源的遗传基础与遗传变异模式，创建了不同无性系的DNA-SRAP身份证号码，为育种资源鉴别及新品系创制提供了分子依据。联用一般线性模型（GLM）和混合线性模型（MLM），检测到与杉木幼龄期、成熟期显著连锁的SRAP标记，锚定的SRAP标记分别有64个和77个；尤其发现，与幼龄期、成熟期两阶段生长材质性状关联的SRAP位点少数相同，表明幼龄期与成熟期调控生长材质性状的遗传基础明显不同。项目还克隆获得了与成熟期生长材质性状紧密关联的18个SRAP位点序列，为杉木分子辅助育种提供了新的标记来源。

（6）集成大营养袋砧木定植嫁接、秋季—春季两季嫁接技术，有效缩短杉木种子园建园周期，建园时间由传统的 4~5 年缩短至 2.5~3 年。同时研发种子园早实丰产稳产技术，解决了种子园的“大小年”难题。这些技术突破分别形成了《缩短杉木种子园建园时间的建园方法》（ZL201710317550.X）、《一种促进杉木种子园高产稳产的方法》（ZL201610281320.8）等技术专利。尤其是精选出 26 个遗传品质优良、结实力高的杉木亲本（涵盖新选育优异品系中的特优亲本），融合上述技术要点，将第二代种子园升级为第二代改良种子园，又称精选高效种子园。其中，龙山林场的精选高效种子园颇具代表，其种子园年亩产量可达 12.5kg（187.5kg/hm^2），是林木种子园平均产量的 12.5 倍，且种子质量为国家标准 I 级水平。此外，精选高效种子园的种苗造林后，3 年生植株树高、胸径、单株材积遗传增益可比第二代种子园分别提高 0.4%、5.57%、17.33% 以上，遗传品质再次获得提升。

（7）对杉木种子设备化调制技术进行了探索，并确定了球果干燥脱种、净种等系列操作程序，经测试与实践，表明该方式切实可行。与传统方式不同，种子设备化调制不受天气情况影响，工作效率高，不同年度、不同批次种子质量，尤其是净度差异较小。同时，人工成本被有效压缩，降低了种子生产成本。

（8）集成良种选择、选地与整地、基肥施用、播种、芽前除草、苗床管护、苗期管理等环节，研制了杉木良种壮苗培育技术方案。经实施，1 年生苗木 90% 达到《主要造林树种苗木质量分级》（GB 6000—1999）规定的杉木播种苗 I 级苗标准，70% 的苗木苗高、地径是 I 级苗标准的 1.3 倍以上，效果显著。采用研发的杉木苗圃规模化芽前除草剂混合配方（果尔 0.060mL/m^2+ 乙草胺 0.045mL/m^2），除草率达 99% 以上且未对杉木幼苗产生药害作用，除草成本仅为传统方法的 6.4%，省工 95.2%，效率极大提高。

（9）建立了杉木优良无性系组培产业化繁育技术体系，研发广适增殖培养基配方一套 [MS+ 萘乙酸（NAA）0.05mg/L+6- 苄氨基腺嘌呤（6-BA）0.3mg/L+ 琼脂 7g/L + 蔗糖 30g/L]、广适生根培养基配方一套 [1/2MS+ 吲哚丁酸（IBA）0.7mg/L+ 琼脂 7g/L+ 蔗糖 25g/L]，创新了杉木组培苗生根培养和炼苗的方法，生根率 90% 以上，移栽成活率超过 85%，育苗周期较传统方法缩短 10~15 天，育苗成本降低 50%。研发轻基质育苗配方 1 套（泥炭土 20%+ 珍珠岩 40%+ 蛭石 40%），移栽 6 个月后苗木保存率高（90% 以上），苗木综合质量显著优于传统黄心土容器苗。明确了杉木组培苗瓶外生根主要影响因素次序为植物生长调节剂浓度 > 植物生长调节剂种类 > 浸泡时间，发现 100mg/L IBA 溶液浸泡芽苗基部 1h 后，平均生根率 89.56%，平均每株根数量 4.26 条，瓶外生根效果好。

（10）以杉木未成熟合子胚为外植体，研究了杉木优良无性系母本基因型、合子胚发育时期、生长调节剂种类及浓度等对愈伤组织诱导、增殖及体细胞胚成熟培养的影响，并建立了杉木体细胞胚胎发生体系。裂生多胚期合子胚最适宜杉木胚性愈伤组织诱导，平均诱导率为 12.44%。高浓度生长素低浓度细胞分裂素组合 [2,4- 二氯苯氧乙酸（2,4-D）1.5mg/L+ 呋喃氨基嘌呤（KT）0.3mg/L] 最适宜杉木胚性愈伤组织诱导，诱导率达到了 13.86%。生长调节剂组合“2,4-D 0.2mg/L+KT 0.1mg/L”有助于杉木胚性愈伤组织的增殖和胚性的维持，胚性胚柄团进一步发育，两极性结构更加明显。ABA 和 PEG6000 浓度均显著影响杉木早期体细胞胚的诱导，两者同时使用诱导效果更优，1.0g 鲜重的胚性愈伤组织平均可诱导出 266.65 个体细胞胚 [采用脱落酸（ABA）50μmol/L+ 聚乙二醇 6000（PEG6000）100g/L 处理]。优势胚期合子胚对高浓度细胞分裂素和低浓度生长素组合的胚性响应最明显，合子胚存活率为 53.17%。完全脱分化、表面白色半透明、具有沟壑和凸起的愈伤组织在生长调节剂组合“苄氨基腺嘌呤（BA）1.5mg/L+NAA 0.2mg/L+ 噻苯隆（TDZ）0.004mg/L”的培养条件下，继代 2~3 次就可再生出体细胞胚。另外，杉木优良无性系母本基因型对愈伤组织诱导以及体细胞胚胎发生影响显著。利用 DCR 基本培养基，添加 30g/L 蔗糖、5g/L 倍力凝、1g/L 活性炭、10mg/L 硝酸银（$AgNO_3$）、50μmol/L ABA、0.8mg/L 赤霉素（GA_3）、180g/L 聚乙二醇 8000（PEG8000），可将体胚成熟率提高到 87.50%，早期体细胞胚数量增至 185.33 个 /g，外源添加 0.25mmol/L 还原型谷胱甘肽（GSH）对体胚成熟具有明显的促进作用。

这些研究结果为当前及未来杉木良种选育与应用工作的开展奠定了重要的基础。在获得上述研究结果的同时，其技术路线和思路也颇具参考价值。特别在育种群体方面，侧重于重要基因资源的持续收集保存与现有育种群体的拓展升级，这包括特色资源的调查收集、区域合作引进高世代新种质、拓展现有育种群体并对育种群体种质亲本做多性状测评、半同胞子代测定与逆向选择及群体的遗传基础分子解析等，进而筛选出更优异的亲本，杂交创制出新的种质，再次拓展育种群体。在此基础上，重点选用优异亲本升级现有生产群体（种子园），创新建园和稳产高产技术，建成杉木精选高效种子园，同时建立优异种质轻简高效的无性繁育技术体系，有性、无性同步繁育优异种质苗木，为杉木商品林建设和木材战略储备提供强有力的种苗支撑。为便于阅读和理解，著者将本书分为“杉木特异资源挖掘与优异品系选择”“杉木优异种质遗传基础解析”“杉木精选高效种子园”“杉木种子调制及其苗木高效繁育”“杉木组培育苗”“杉木体细胞胚胎的诱导发生”等 6 章，更为清晰地介绍项目研究团队 10 多年来在杉木良种选育及扩繁技术方面的研究成果。广东省林业科学研究院郑会全同志制定了全书章节提纲和撰写要求，并经研究团队多次研讨后，明确纳入书籍撰写的相关文献和研究内容来源，郑会全同志主笔完成了书籍初稿的撰写工作。胡德活、李云、韦如萍等同志在文献和研究内容方面有重要贡献，并在稿件修改上起到关键作用，因此这三位同志也并列作为主要著者。对本书内容和实践方面有贡献的其他同志则列为其他著者，其中杉木体细胞胚胎的诱导发生方面的内容主要来源于著者胡瑞阳的博士论文及吴夏雷的硕士论文。

本书是一部以科研生产实验数据为第一手资料，理论结合实践的科技专著，对从事林木遗传育种学研究、种苗学研究的科研、教学和生产管理工作者都有参考价值。

本书的出版得到广东省重点领域研发计划“现代种业（岭南林业种业及资源开发利用、岭南特色农作物和家禽）”重大专项项目“湿加松和杉木等针叶用材树种速生优质新品种选育”（2020B020215001）的资助，在此表示感谢。

由于本书的专业性强、涉及的知识面广，书中难免存在不足和疏漏，敬请读者和同行不吝指正。

著　者

2023 年 8 月

CONTENTS
目录

Chapter 1

第一章

杉木特异资源挖掘与优异品系选择

杉木 [*Cunninghamia lanceolata*（Lamb.）Hook.] 为柏科（Cupressaceae）杉木属（*Cunninghamia*）常绿针叶树种，也是我国南方最重要的生态造林和商品用材树种。

丰富多样的种质资源是实现可持续育种的前提，也是实现高效育种的基础（王毅 等，2007）。在中国，杉木已有3000多年的栽培历史，由于地理、生殖隔离、长期自然和人工选择结果，使杉木在不同种源间、不同家系间及不同个体或无性系间形态、生理生态、遗传构成等特性上分化各异，尤其在生长量、形质、材质、抗性等方面类型多样，而丰富多样的杉木遗传资源是保障杉木多世代育种持续开展与优良品系高效选育的关键。历时近60年，通过几代人的努力，我国杉木遗传改良研究取得了可喜进展，良种选育成果成绩斐然，并在生产中得到广泛应用。但由于林木自身生长周期长，遗传杂合度高，多数重要经济性状属多基因控制的数量性状，遗传机理不明，高世代育种持续向前发展面临着遗传基础变窄、可利用基因资源有限、新种质创制难度加大等问题。因此，进一步挖掘各类特异的遗传资源，拓宽现有育种资源基础显得尤为必要。

第一节　广东红心杉（乐昌油杉）优树资源调查与保存

杉木分布范围广，遍及我国整个亚热带的南方17个省份，其中亚热带东部和中部为中心产区，广东省北部地区（粤北）位列其中。尤其是在1976年和1979年全国杉木地理种源试验中，粤北的乐昌杉木表现优良，综合评定为杉木优良种源之一（全国杉木种源试验协作组，1988）。乐昌杉木主要包含乐昌油杉和乐昌白毛杉两种类型，其中以乐昌油杉为主（图1-1）。乐昌油杉属杉木中的黄杉（也称油杉、铁杉、红芒杉、黄枝杉）类别，叶色油亮，适应性强，生长快，木材色红且坚实，素有“广东红心杉”的美誉（叶培忠 等，1964；阮梓材，2012）。随着林地更新利用速度的加快及单一种系经营策略的实施，乐昌油杉林分面积逐年递减，其优异遗传资源随之逐步丧失，及时抢救、保存乐昌油杉优异遗传资源显得尤为必要，且对拓宽杉木育种遗传基础具有重要意义。

图 1-1　乐昌油杉重要表型特征

一、优树资源的调查与选择

现有乐昌油杉主要集中在广东省乐昌林场地域，处于中亚热带季风气候区，光、热、雨资源丰富，年平均日照时数 1499.7h，年平均气温 19.6℃，年平均降水量约 1522mm，无霜期 300 天，林场总面积达 5268hm^2，包括太平坑、细梨坑、后洞、老榕坑、枫树下以及风门坳 6 个工区。自 2010 年开始，郑会全等（2013）对广东特有红心杉种质资源即乐昌油杉进行较为系统的调查，经走访和踏查，共筛选出林相良好、种子来源与造林时间清楚、未经人工采伐（或择伐）的乐昌油杉人工林 7 个林分（表 1-1）。所选林分均为实生苗起源，郁闭度均大于或等于 0.60；不同林分年龄与海拔差异较大，分别为 25～69 年、179.5～943.0m。在此基础上，以生长量和形质特征为指标，采用 8 株邻近木选优法对干形通直、枝条细小、自然整枝良好且无明显病害的优良单株进行选择（图 1-2），7 个林分中合计入选优树 104 株。

表 1-1　乐昌油杉优树资源调查概况

分布区	林分编号	北纬	东经	海拔（m）	林龄（年）	林分密度（株/hm²）	郁闭度	优树数量（株）	优树编号
后洞工区	HDL01	25° 10.947′	113° 18.339′	625.9	27	1350	0.70	11	LH01~LH11
后洞工区	HDL02	25° 10.705′	113° 18.640′	347.2	34	1500	0.80	14	LH12~LH25
后洞工区	HDL03	25° 09.543′	113° 19.003′	462.4	43	1350	0.80	9	LH26~LH34
太平坑工区	TPL01	25° 08.702′	113° 17.151′	179.5	25	1350	0.80	30	LT01~LT30
风门坳工区	LML01	25° 25.296′	113° 36.350′	943.0	56	1125	0.65	27	LM01~LM27
枫树下工区	LFL01	25° 14.902′	113° 21.307′	319.3	43	1050	0.70	9	LF01~LF09
细梨坑工区	XLL01	25° 09.650′	113° 18.030′	470.8	69	1050	0.60	4	LX01~LX04

图 1-2　乐昌油杉优异遗传资源（优树）选择与木芯钻取测定

二、优树生长和材质性状的分析

在群体水平上，各林分优树群体生长性状（树高、胸径、单株材积）均值明显高于样地群体值（$P<0.01$），性状表现水平（PL）均大于 77.0（图 1-3）。以 8 株邻近木生长性状均值为对照，入选优树在树高、胸径、单株材积上增益明显，最高分别可达 97.1%、131.8%、712.5%（表 1-2）。另外，高径比、冠径比在不同林分优树间或相同林分优树间均存在一定程度的差异，入选优树高径比最大值与最小值比值达 1.97，冠径比总体变幅为 8.7~21.9。

在生长调查基础上，还利用树木生长锥钻取优树及平均木（胸径近于 8 株邻近木均值的邻近单株）木芯，标记保存，随后进行材质测定，包括木材基本密度、红心材比

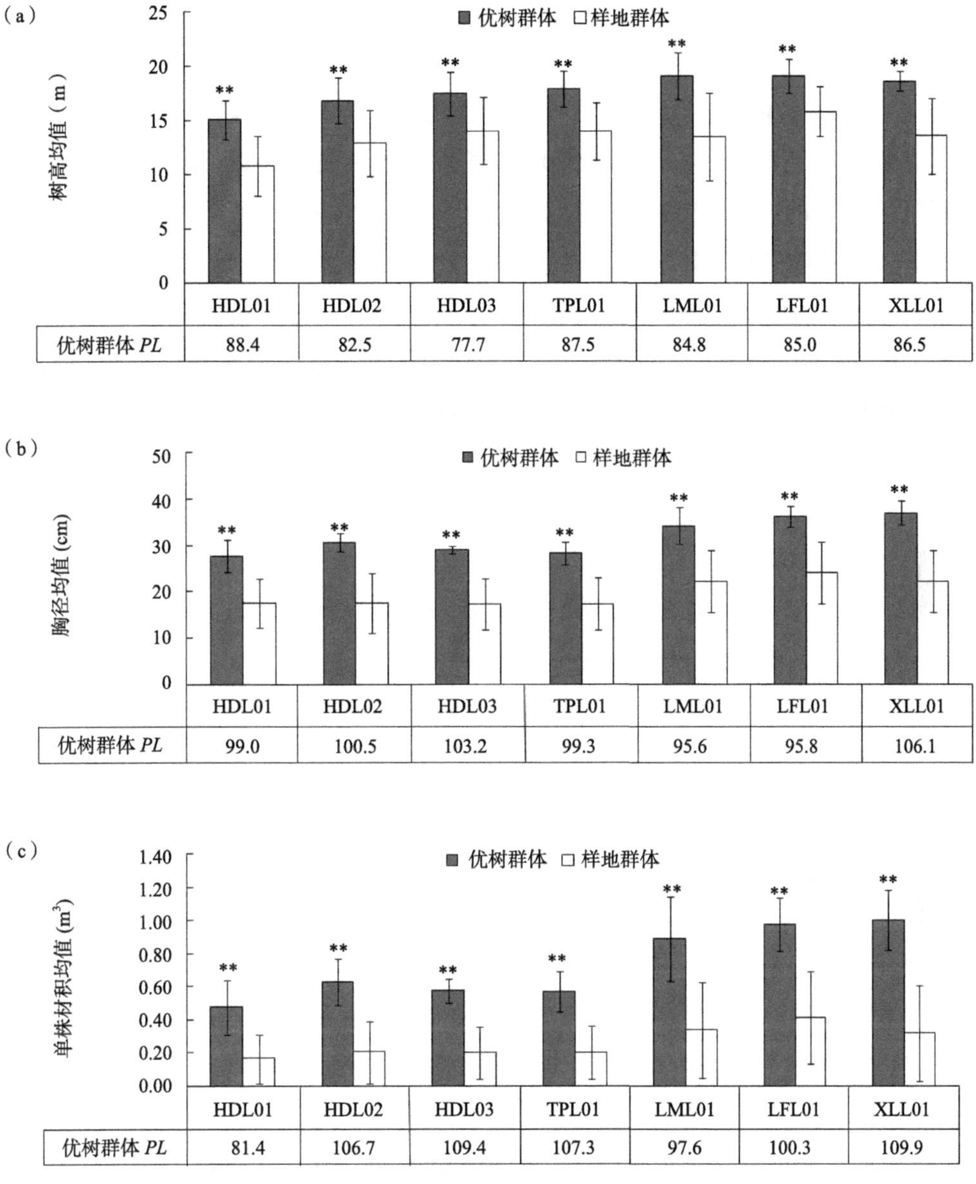

图 1-3 乐昌油杉优树群体生长表现

注：HDL01、HDL02、HDL03、TPL01、TML01、LFL01、XLL01 为调查林分编号；** 表示与样地群体（同一林分中所有优树及其对比木组成的群体）性状间差异极显著（$P<0.01$）；*PL* 为性状表现水平。

率、木材干缩性、木材吸水率、管胞长度、管胞宽度、管胞长宽比等材质指标[1]。木材基本密度测定采用饱和含水率法（成俊卿，1985）。对木芯心材色泽仔细判别，心材色泽为红色的记为“1”，非红色的记为“0”；心材确定为红色色泽后，计算其心材比（即

[1] 以下关于材质指标测定方法同此处。

心材边缘到髓心的长度为半径的圆盘面积除以整个圆盘面积所得的比值）。木材干缩性、吸水率测定分别参照国家标准《木材干缩性测定方法》（GB/T 1932—2009）和《木材吸水性测定方法》（GB/T 1934.1—2009）。木材管胞长度与宽度测定采用过氧化氢和冰醋酸混合液离析测定法（黄寿先 等，2004），即将试样纵向切成 0.5mm 左右的薄片，并于离析液（1∶1 的过氧化氢和冰醋酸混合液）中加热离析，随后用 2% 番红染色剂染色，于显微镜上直接测定其长度与宽度，每一试样随机测定 30 根管胞的长度和宽度，取平均值。材质性状分析结果表明（表 1-3），各林分优树材质性状也存在不同程度的变异。入选优树木材基本密度、红心材比率、木材干缩性、木材吸水率、管胞长度、管胞宽度、管胞长宽比总体变幅分别为 0.2511~0.3931g/cm^3、29.2%~72.3%、0.8%~32.4%、189.0%~332.9%、1831.3~3449.7μm、32.0~53.9μm、37.9~82.4。其中，木材干缩性变幅最大，最大与最小值间的比值为 40.5，变异系数（*CV*）达 100%；木材管胞宽度变异程度较低，变异系数仅为 9.8%。以平均木材质测定值为阈值对优树进行分类，均有一定比例材质较优单株入选。以木材基本密度为指标性状，优树群体 LH01~LH11 优异比为 54.5%；而以红心材比率为选择指标时，LH26~LH34 群体优异比则高达 100.0%。

经国家"六五""七五"和"八五"研究，洪菊生等对不同种源杉木的丰产性、稳定性与材性作出了总结与评价，认为广西融水、福建大田、广东乐昌、福建建瓯、四川邻水、江西铜鼓等种源属丰产、稳产种源（郑仁华，2005）。而曾志光等（2001）通过对江西安福（陈山红心杉）、广西融水、四川锦屏、湖南会同、福建建瓯、江西铜鼓等杉木种源材质性状进行比较分析发现，木材红心材比率在 6 个种源间差异显著，其中以陈山红心杉的红心材比率最高且变异系数最小。乐昌油杉作为乐昌杉木（种源）中的主要类型，已有数据表明，其生长材质性状属中上水平，而红心材比率也较高，近于陈山红心杉（阮梓材，2012）。此次调查的乐昌油杉林分林龄为 25~69 年，林龄较大，皆在主伐成熟龄（19~26 年）以上，较大程度保存了乐昌油杉优异遗传资源。所选的 104 份乐昌油杉优树资源生长量突出，单株材积增益均在 82.6% 以上；另外，这些优树资源还具有较高的红心材比率，变幅为 29.2%~72.3%，均值达 52.0%，较高于曾志光等（2001）报道的陈山红心杉红心材比率（50.5%）。除红心材比率外，乐昌油杉优树木材基本密度、木材干缩性及木材吸水率等材质指标表征了其原木物理性质及其后期加工潜力。各材质性状在优树间均具有一定程度的变异，这些变异为优树资源的再选择奠定了基础。

表 1-2 乐昌油杉优树生长量与形质指标分析

优树	树高		胸径		单株材积		高径比	冠径比
	均值（m）	增益变幅（%）	均值（cm）	增益变幅（%）	均值（m^3）	增益变幅（%）	变幅	变幅
LH01~LH11	15.1	20.3~87.4	27.6	42.8~116.0	0.4760	154.2~594.6	44.3~63.7	13.7~20.1
LH12~LH25	16.8	0.4~79.3	30.5	41.1~131.8	0.6292	103.3~712.5	38.9~61.2	12.9~19.8
LH26~LH34	17.5	9.6~49.1	28.9	50.3~107.6	0.5751	144.3~438.4	51.1~71.7	10.4~16.4
LT01~LT30	17.9	9.8~59.6	28.3	37.5~102.2	0.5695	108.5~403.5	47.8~76.5	14.4~21.9
LM01~LM27	19.1	6.5~97.1	34.2	32.3~110.7	0.8889	91.0~568.4	40.9~67.6	11.4~17.1
LF01~LF09	19.1	4.8~44.3	36.2	34.6~103.6	0.9774	82.6~429.7	45.5~58.6	10.1~15.9
LX01~LX04	18.7	17.7~91.7	37.0	57.3~113.7	1.0021	199.8~652.0	48.7~52.9	8.7~10.7

表 1-3 乐昌油杉优树材质指标分析

优树	木材基本密度		红心材比率		木材干缩性		木材吸水率		管胞长度		管胞宽度		管胞长宽比	
	变幅（g/cm^3）	优异比（%）	变幅（%）	优异比（%）	变幅（%）	优异比（%）	变幅（%）	优异比（%）	变幅（μm）	优异比（%）	变幅（μm）	优异比（%）	变幅	优异比（%）
LH01~LH11	0.2539~0.3214	54.5	36.4~63.8	72.7	0.8~17.4	63.3	245.8~328.4	45.5	1831.3~2641.0	72.7	41.5~53.0	63.6	37.9~58.3	36.4
LH12~LH25	0.2690~0.3365	35.7	39.6~72.3	78.6	1.5~24.9	57.1	231.8~306.4	64.3	2102.3~3072.2	50.0	32.0~49.9	50.0	51.9~76.6	64.3
LH26~LH34	0.2538~0.3931	22.2	42.8~66.7	100.0	0.8~21.4	33.3	189.0~328.6	77.8	2318.4~3089.4	88.9	39.9~53.9	66.7	49.4~71.0	44.4
LT01~LT30	0.2511~0.3575	43.3	29.2~60.9	73.3	0.8~27.7	50.0	214.3~332.9	56.7	2403.4~3449.7	56.7	37.4~50.7	70.0	56.4~82.4	46.7
LM01~LM27	0.3002~0.3883	37.0	40.2~70.5	48.1	1.2~32.4	55.6	192.1~267.7	63.0	2229.2~3432.5	63.0	36.1~44.0	74.1	54.5~80.1	59.3
LF01~LF09	0.2875~0.3496	33.3	39.8~61.9	44.4	2.0~16.9	66.7	220.6~282.5	66.7	2310.9~3105.6	44.4	38.3~52.7	66.7	55.2~73.8	33.3
LX01~LX04	0.3102~0.3184	50.0	49.0~70.3	25.0	1.7~6.0	100.0	248.7~257.0	50.0	2531.3~2865.8	50.0	37.6~48.6	75.0	54.7~68.0	25.0

注：优异比指材质性状值高于（指木材基本密度、红心材比率、木材吸水率）或低于（指木材干缩性）平均木的优树数目占优树总数的比值。

三、优树资源的保存

对入选优树位置分别进行标记及 GPS 定位，重点看护，防止盗伐，就地保存优树资源。尤其是确定了优良林分范围，按照国家标准《母树林营建技术》（GB/T 16621—1996）要求，将乐昌油杉优良林分改建成母树林，重点保护并予以利用。经林分土壤物理与养分指标分析、疏伐、林地整理、诊断施肥、辅助授粉等技术实施，并对母树林标准地树高、胸径、冠幅、枝下高、病虫害情况及结实情况等进行跟踪调查发现，所建的母树林复壮，平均冠幅增大了 15%，结实量增加了 30%，且没有明显病虫危害发生。乐昌油杉母树林的营建，为乐昌油杉资源的保存和利用提供了稳定的种子来源。

通过采集乐昌油杉优树顶端穗条，分别在小坑林场和龙山林场营建了乐昌油杉优树资源收集区。优树资源（穗条）采用髓心形成层对接法嫁接保存，每份资源（穗条）嫁接 5 个分株，形成嫁接无性系。各无性系分株连续排列，定植密度 4m × 4m。嫁接无性系生长情况良好（实际成活 103 个无性系），3 年生测定结果显示，优树无性系在树高、胸径、冠幅、雌花量、雄花量、结实性状等方面差异均达到显著性水平（$P<0.05$），说明优树无性系有再选择的空间。

第二节　育种亲本多性状测评

建立具有一定规模且遗传基础广泛的育种亲本群体是实现可持续育种的关键，而针对育种亲本的性状表现进行再选择可为生产群体构建与优异新种质的创制提供依据。欧美等发达国家在林木多世代育种亲本选择方面尤为重视，重点包括选育目标的确定、基本群体选择、基因多样性的维持、育种进程中遗传增益的监测与调控、群体组成与容量、多性状综合考量等内容。我国杉木育种者（单位）历来重视基因资源的收集保存工作，有开展杉木育种的各省份基本上都建有一定容量的基因库（资源收集圃）、育种园。特别是，自 2009 年以来，国家林业局分三个阶段批复建立了 35 个国家重点杉木良种基地，其中福建 7 个、湖南 5 个、江西 5 个、广西 3 个、浙江 3 个、四川 3 个、广东 2 个、湖北 2 个、重庆 2 个、贵州 1 个、云南 1 个、安徽 1 个。各省份依托良种基地建设，不断提高杉木育种资源的储量，并根据实际需要开展亲本的多个性状测定工作，综合选出适用于种子园建设或杂交育种的亲本。

一、杉木基因库亲本无性系的生长材质变异

广东省现有杉木基因库和育种园主要集中在龙山林场国家级杉木良种基地和小坑林场国家级杉木良种基地。其中，龙山林场杉木基因库年平均气温约 19.6℃，年平均降水量为 1500mm，70% 的降水集中在春、夏季两季。土壤为红壤，基因库土层均在 1m 深以上，肥力较强，保水性能好。基因库所处林地坡面较为平整，林地环境较一致，各亲本无性系有 5 个分株，同期嫁接，同一无性系分株连续排列，定植密度 5m × 5m；育种园所处林地坡面也较为平整，林地环境较一致，各亲本无性系有 6~12 个分株，采用单株小区随机分布设计，定植密度 5m × 5m。针对龙山林场杉木基因库中 50 个核心亲本，包括 35 个广东乐昌种源亲本无性系（c17、c18、c22、c49、c51、c53、c54、c58、c59、c62、c70、c73、c78、c80、c87、c91、c97、c98、c99、c100、c101、c102、c103、c104、c106、c107、c108、c109、c125、c129、c130、c134、c135、c139、c142）、3 个广西种源亲本无性系（c39、c43、c44）、3 个贵州种源亲本无性系（c28、c69、c148）、3 个湖南种源亲本无性系（c36、c37、c149）、3 个江西种源亲本无性系（c6、c16、c63）及 3 个福建种源亲本无性系（c10、c23、c29）在成熟期（24 年生）的生长、材质性状表现进行测定分析，发现这些核心亲本在树高、胸径、材积、木材基本密度、木材吸水率、心材比率、管胞长度、管胞宽度、管胞长宽比等方面仍具有较大的差异性（表 1-4）。方差分析结果表明，这些差异性还达到了显著至极显著水平（$P<0.05$ 或 0.01）。就表型变异系数而言，材积变异系数最大（31.3%），其次是胸径、管胞长宽比、木材吸水率、心材比率、管胞长度、木材基本密度、树高，管胞宽度变异系数最小（6.8%）。尤其是，树高、胸径、材积、木材基本密度、木材吸水率、管胞宽度性状重复力（R）较高，均在 0.60 以上。在性状相关性方面（表 1-5），树高、胸径、材积、心材比率之间具有显著至极显著（$P<0.05$ 或 0.01）正相关关系，木材吸水率与胸径、材积间，心材比率与管胞长度间，以及管胞宽度与管胞长宽比间同样具有正相关关系，且均达显著至极显著水平（$P<0.05$ 或 0.01）。值得注意的是，木材基本密度与生长性状及木材吸水率间表现出显著或极显著的负相关关系（$P<0.05$ 或 0.01）。

表 1-4　龙山林场杉木基因库中 50 个核心亲本在 24 年生时的生长材质性状表现

序号	亲本无性系	树高（m）	胸径（cm）	材积（m^3）	木材基本密度（g/cm^3）	木材吸水率（%）	心材比率（%）	管胞长度（μm）	管胞宽度（μm）	管胞长宽比
1	c17	13.0	26.0	0.3792	0.2713	304.3	53.8	3030.3	46.0	73.1
2	c18	13.5	28.7	0.4565	0.3170	250.9	55.4	3065.7	47.4	78.3
3	c22	12.3	27.2	0.3924	0.3093	264.6	47.3	3097.4	42.5	71.0

续表

序号	亲本无性系	树高（m）	胸径（cm）	材积（m^3）	木材基本密度（g/cm^3）	木材吸水率（%）	心材比率（%）	管胞长度（μm）	管胞宽度（μm）	管胞长宽比
4	c49	13.7	30.3	0.5157	0.2965	272.7	52.3	3423.7	46.5	75.1
5	c51	15.0	35.7	0.7749	0.3038	264.0	59.0	3244.7	40.3	72.1
6	c53	12.8	28.4	0.4322	0.3134	254.8	50.0	3174.0	40.8	81.6
7	c54	14.8	34.0	0.6939	0.2673	309.0	60.9	3318.4	46.3	72.0
8	c58	11.7	20.9	0.2163	0.2800	292.6	42.2	3094.1	41.3	75.7
9	c59	13.5	30.5	0.5126	0.3027	267.4	51.1	3283.6	41.1	68.5
10	c62	12.5	27.7	0.3959	0.3153	251.9	51.1	3304.5	40.8	73.5
11	c70	13.0	28.7	0.4419	0.3215	246.9	44.2	3120.5	46.0	74.3
12	c73	12.3	29.3	0.4319	0.2720	304.4	49.6	3508.9	43.7	78.5
13	c78	12.7	26.9	0.3877	0.3662	207.9	52.9	3334.4	41.4	80.2
14	c80	14.3	34.7	0.6933	0.3054	262.4	54.6	3078.8	42.7	75.8
15	c87	11.0	21.8	0.2193	0.3319	237.3	44.7	3173.5	44.7	72.5
16	c91	12.0	24.0	0.2844	0.2959	274.3	46.4	2827.4	45.1	67.7
17	c97	12.8	27.7	0.4384	0.3119	259.4	57.7	3571.3	48.6	77.9
18	c98	13.0	30.0	0.4805	0.3252	242.9	57.8	3398.1	54.5	90.4
19	c99	13.3	29.6	0.4956	0.3389	230.3	55.8	2729.5	42.5	63.8
20	c100	12.0	25.2	0.3146	0.3246	243.1	51.1	3398.8	45.1	67.9
21	c101	12.7	27.8	0.4138	0.3292	241.5	48.5	3162.2	44.3	66.6
22	c102	15.5	35.8	0.7891	0.3225	244.7	67.4	3224.4	42.1	71.5
23	c103	15.7	35.7	0.7952	0.2790	293.2	58.5	3555.6	49.0	77.2
24	c104	14.7	32.4	0.6453	0.2790	293.2	58.5	3555.6	49.0	77.2
25	c106	14.0	33.9	0.6507	0.3204	247.3	60.8	3363.3	44.1	72.9
26	c107	11.5	27.4	0.3586	0.2995	268.5	48.3	3286.9	50.8	67.9
27	c108	13.5	31.6	0.5465	0.3479	224.8	66.0	3461.5	42.0	71.1
28	c109	14.0	33.1	0.6248	0.3012	266.7	68.3	3311.7	44.6	72.2
29	c125	11.5	26.1	0.3280	0.2667	310.0	59.9	3285.8	53.1	75.2
30	c129	12.0	27.6	0.3867	0.3013	266.6	61.9	3748.5	43.7	63.0
31	c130	13.5	38.9	0.8666	0.2970	272.8	61.5	3282.3	41.5	62.2
32	c134	13.7	30.7	0.5247	0.2563	325.8	50.0	3125.9	52.8	73.8
33	c135	15.7	39.7	0.9800	0.2774	298.8	56.0	3071.5	49.9	70.3
34	c139	12.3	27.0	0.3893	0.2903	284.5	58.1	3223.8	45.9	75.2
35	c142	11.8	23.5	0.2748	0.3467	229.7	57.1	3298.5	48.0	71.8
36	c39	11.3	28.8	0.3903	0.3226	254.4	60.9	3122.8	44.9	67.6
37	c43	15.8	42.8	1.1422	0.2584	321.7	50.8	3242.6	47.0	75.8

续表

序号	亲本无性系	树高(m)	胸径(cm)	材积(m^3)	木材基本密度(g/cm^3)	木材吸水率(%)	心材比率(%)	管胞长度(μm)	管胞宽度(μm)	管胞长宽比
38	c44	13.0	27.9	0.4223	0.2975	270.8	58.9	3688.3	48.0	82.7
39	c28	15.5	37.9	0.8874	0.3042	264.0	57.9	3191.6	42.8	68.1
40	c69	15.0	34.3	0.7216	0.2951	285.1	52.9	3168.2	48.1	84.7
41	c148	14.3	30.9	0.5560	0.3250	243.2	57.7	3370.9	48.3	79.7
42	c36	12.5	30.9	0.4878	0.2900	279.5	60.0	3647.6	44.7	61.9
43	c37	12.0	29.6	0.4355	0.3282	239.5	63.8	3761.0	50.7	70.7
44	c149	12.7	27.1	0.4280	0.2767	297.9	51.0	3490.5	47.8	59.2
45	c6	12.7	28.8	0.4467	0.3461	223.9	60.5	3620.7	44.5	69.5
46	c16	12.3	25.6	0.3374	0.2931	277.0	55.2	2989.7	41.0	70.4
47	c63	12.3	24.0	0.2964	0.3115	256.1	44.1	2834.1	42.9	71.3
48	c10	14.5	34.7	0.7087	0.2933	279.1	46.6	3093.4	47.6	61.9
49	c23	12.8	28.1	0.4155	0.3249	244.5	56.9	3213.1	43.4	76.0
50	c29	13.3	29.7	0.4825	0.2898	283.8	59.6	3195.6	44.5	65.9
	均值	13.2	30.0	0.5138	0.3048	266.6	55.1	3275.3	45.5	72.5
	标准差	1.3	4.6	0.1992	0.0246	26.7	6.2	227.7	3.5	6.2
	F	4.64**	4.63**	4.87**	2.50**	2.50**	1.71*	1.56*	3.65**	1.75**
	CV(%)	7.7	12.7	31.3	9.2	11.5	10.0	9.7	6.8	11.8
	R	0.78	0.78	0.79	0.60	0.60	0.42	0.36	0.73	0.43

注：*F* 为方差分析结果，** 表示差异极显著（$P<0.01$）；*CV*、*R* 分别为表型变异系数、性状重复力；下同。

表 1-5　龙山林场杉木基因库中 50 个核心亲本在 24 年生时生长材质间相关系数

性状	树高	胸径	材积	木材基本密度	木材吸水率	心材比率	管胞长度	管胞宽度	管胞长宽比
树高	1.0000								
胸径	0.8678**	1.0000							
材积	0.9024**	0.9798**	1.0000						
木材基本密度	−0.1577*	−0.2083**	−0.2141**	1.0000					
木材吸水率	0.1493	0.1983*	0.2067**	−0.9912**	1.0000				
心材比率	0.2117**	0.3181**	0.2724**	0.0121	−0.0200	1.0000			
管胞长度	−0.0216	0.0446	−0.0036	−0.0369	0.0354	0.1987*	1.0000		
管胞宽度	0.0550	0.0350	0.0490	−0.1107	0.1253	0.0892	0.1135	1.0000	
管胞长宽比	0.0492	−0.0641	−0.0402	0.0490	−0.0308	0.0318	0.0634	0.1632*	1.0000

注：* 表示显著相关（$P<0.05$），** 表示极显著相关（$P<0.01$），下同。

小坑林场杉木基因库属亚热带粤北气候区，年平均气温 20.3℃，年日照时数 1706h，年平均积温 6529.4℃，年平均降水量 1530mm，相对湿度 79%，极端最高气温 40.2℃、最低气温 −5.3℃，每年霜期约 15 天；土壤为黄壤，肥力较强，保水性能好。基因库所处林地坡面较为平整，坡向向北，林地环境较一致，各亲本无性系有 4~6 个分株，同期嫁接，同一无性系分株连续排列，定植密度 4m × 4m，无性系分布较集中（海拔跨度低于 5m）。针对小坑林场杉木基因库 227 个核心育种种质（19 个第二代育种亲本、208 个第一代育种亲本）生长材质性状进行测定分析发现（表 1-6），育种种质即亲本无性系在嫁接 6 年生时，其树高、胸径、材积及木材基本密度性状变异显著（$P<0.01$），性状变幅分别达 3.4~10.7m、6.1~25.3cm、0.0071~0.2669m^3、0.2176~0.3334g/cm^3。与生长性状相比，木材基本密度变幅相对较小，最大与最小值比值仅为 1.53，而树高、胸径、材积等生长性状最大与最小值比值分别达到了 3.15、4.15、37.59。此外，生长性状表现出较高的表型变异系数（15.3%~40.3%），木材基本密度表型变异系数低于生长性状，但也达到了 7.4%。值得注意的是，测定树高、胸径、材积、木材基本密度的性状重复力较高，分别达到了 0.72、0.69、0.83、0.50。在性状相关性方面（表 1-7），树高、胸径、材积两两间呈极显著相关，但生长性状和材质（木材基本密度）性状间均表现为负相关关系。尤其是，木材基本密度与胸径、材积间负相关关系达到极显著水平（$P<0.01$）。

表 1-6　小坑林场杉木基因库中 227 个核心亲本在 6 年生时的生长材质性状表现

性状	均值	标准差	变幅	F	表型变异系数（%）	性状重复力
树高（m）	6.8	1.3	3.4~10.7	3.62**	15.3	0.72
胸径（cm）	14.1	3.5	6.1~25.3	3.19**	19.4	0.69
材积（m^3）	0.0692	0.0445	0.0071~0.2669	6.01**	40.3	0.83
木材基本密度（g/cm^3）	0.2845	0.0205	0.2176~0.3334	2.01**	7.4	0.50

表 1-7　小坑林场杉木基因库中 227 个核心亲本在 6 年生时生长材质间相关系数

性状	树高	胸径	材积	木材基本密度
树高	1.0000			
胸径	0.7785**	1.0000		
材积	0.8411**	0.9551**	1.0000	
木材基本密度	−0.1043	−0.1778**	−0.1789**	1.0000

鉴于小坑林场杉木基因库中包含了系列红心材杉木亲本无性系，针对6年生红心材群体（含104个无性系）做进一步分析。结果显示（表1-8），树高、胸径、材积、木材基本密度等性状在无性系间差异极显著（$P<0.01$）。其中，材积变幅最大，最大与最小值的比值达24.82，表型变异系数为37.2%；胸径变异程度次之。木材基本密度变幅相对较小，但表型变异系数也达到了7.1%。值得注意的是，生长性状重复力均大于等于0.77，木材基本密度重复力也达到了0.37。值得关注的是，参试无性系仅有40个（占38.5%）展现出早期红心材特征（图1-4、图1-5），但这些无性系早期红心材重现率各异（20%~100%），其中cx200、cx627、cx710、cx725、cx729、cx735、cx797无性系红心材重现率达100%。

此外，同一无性系（具有早期红心材特征的无性系）不同嫁接分株间的红心材比率也有所不同，不同无性系早期最大红心材比率差异明显，cx200无性系最大红心材比率达44.4%（最高），cx729次之。此外，相关分析结果显示（表1-9），红心材无性系树高、胸径、材积等生长性状间保持着极显著的正相关关系（$P<0.01$）；除木材基本密度和树高之间呈弱正相关外，材质性状（木材基本密度和早期红心材特征）与生长性状间均表现为弱负相关，未达显著性水平。早期红心材特征与木材基本密度有关，呈显著正相关关系（$P<0.05$）。

表1-8　红心材杉木无性系生长与木材基本密度的变异情况（6年生）

性状	均值	标准差	变幅	F	表型变异系数（%）	性状重复力
树高（m）	7.0	1.4	4.1~10.5	4.37**	14.5	0.77
胸径（cm）	14.3	3.8	7.1~25.2	7.72**	14.8	0.87
材积（m^3）	0.0752	0.0503	0.0107~0.2656	8.34**	37.2	0.88
木材基本密度（g/cm^3）	0.2903	0.0189	0.2439~0.3298	1.59**	7.1	0.37

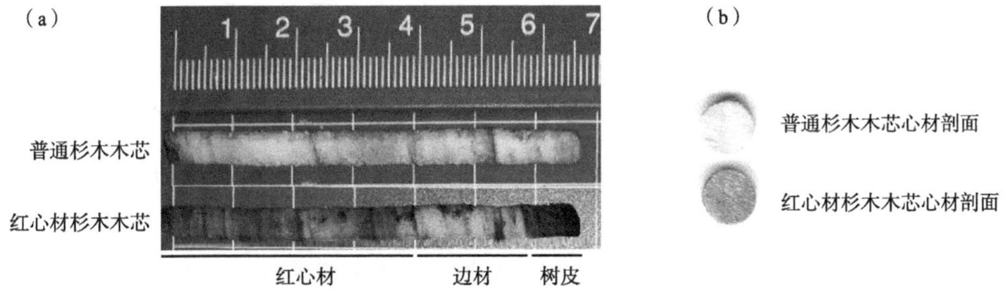

图1-4　红心材杉木（6年生）木芯结构特征

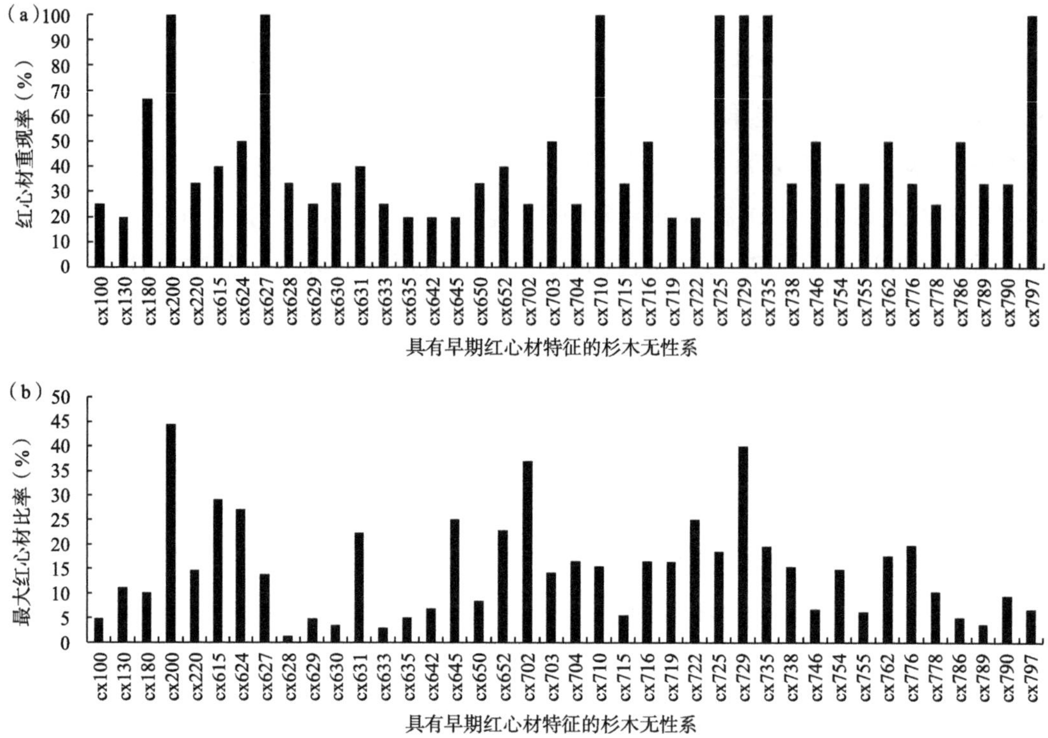

图 1-5　杉木无性系早期（6 年生）红心材特征变异

表 1-9　红心材杉木生长材质性状间相关系数（6 年生）

性状	树高	胸径	材积	木材基本密度	早期红心材特征
树高	1.000				
胸径	0.8310**	1.000			
材积	0.8658**	0.9609**	1.000		
木材基本密度	0.0087	−0.0638	−0.0655	1.000	
早期红心材特征	−0.0635	−0.0603	−0.1172	0.2155*	1.000

二、杉木育种园无性系生长材质及花期花量与结实量的变异

以杉木第二代改良育种园（位于龙山林场）亲本无性系为对象（育种园所处林地坡面较平整，林地环境较一致，各亲本无性系有 6~12 个分株，采用单株小区随机分布设计，定植密度 5m × 5m），对其生长材质变异情况进行分析发现，育种园中 62 个亲本无性系在 6 年生、12 年生时生长材质性状差异极显著（$P<0.01$），变异广泛。6 年生时，无性系材积变异系数达 30.6%，是树高、胸径、冠幅等生长性状的 2 倍以上；12

年生时，木材基本密度和木材吸水率变异系数分别为10.2%、11.8%，均高于胸径变异系数（7.6%）（表1-10）。进一步分析还发现，6年生时亲本无性系树高、胸径、材积、冠幅重复力分别达到了0.59、0.70、0.65、0.53，12年生时亲本无性系胸径重复力则可至0.87。与生长性状相比，材质性状重复力稍低，但也处于较高水平（木材基本密度、木材吸水率重复力分别为0.39、0.43）。2007—2013年春季，对杉木育种园无性系花期花量进行记录。在树冠中部东、南、西、北各选择中等的4个I级侧枝，统计雌雄花总数，观测记录雌雄花期阶段频数，将有30%雄球花达到初期以上的日期定为雄花初花期；将有60%的雄球花达到盛期以上的日期定为雄花盛花期；将有90%的雄球花到达末期以上的日期定为雄花末花期；雌球花也以相同标准划分植株各花期。每树雌雄花量判读采用定量分级法，具体为：超过70%的枝条具有较多的雌花（或雄花），判读为“花量多”，用数字“5”记录；超过50%的枝条分布有一定量的雌花（或雄花），判读为“花量中等”，用数字“3”记录；少于50%的枝条具有雌花（或雄花）且数量稀少，判读为“花量少”，用数字“1”记录。经调查统计可知，育种园中不同无性系雌雄花量差异较明显，可划分为多、中、少三个等级。其中，多数无性系雌雄花量处较低水平，仅有14个无性系雌花量达中等以上水平（p4、p5、p6、p7、p18、p20、p210、p234、p237、p238、p243、p272、p285、p294），5个无性系雄花量较多（p6、p7、p20、p22、p243），而p7无性系雌雄花量皆多（表1-11）。在性状相关性方面，6年生与12年生亲本无性系在树高、胸径、材积、冠幅、木材基本密度、木材吸水率间均存在不同程度的正相关或负相关关系。其中，6年生与12年生无性系生长性状间彼此为极显著正相关（$P<0.01$），木材吸水率与生长性状间（除树高外）均存在明显的正相关关系（$P<0.01$或0.05）；与此同时，木材基本密度与生长性状（除树高外）、木材吸水率间表现为显著或极显著负相关（$P<0.01$或0.05）。雄花量与材质性状间不相关，但与生长性状间呈弱正相关（未达显著性水平），雌花量与生长性状尤其是6年生胸径间存在明显正相关关系（$r = 0.2566$，$P<0.05$）。值得关注的是，雌雄花量间达极显著正相关关系（$r = 0.6322$，$P<0.01$）（表1-12）。为评价不同亲本无性系的结实力，于6年生时秋季，对杉木育种园无性系结实量做调查记录。每棵树球果量判读采用定量分级法，结实量高的用数字“9”记录，结实量中等的用数字“4”记录，结实量少的用数字“1”记录，不结实的记为“0”。经测评发现，不同无性系在结实力方面差异非常明显，其中24个亲本无性系结实力高于群体均值（2.9），尤其是p4、p7、p20、p21、p99、p156、p210、p237、p243、p252、p272、p285、p286、p294、p713等15个亲本无性系结实力均处于中等水平以上（≥4），p7无性系最突出（图1-6）。

表 1-10 杉木第二代改良育种园 62 个亲本在 6 年生和 12 年生时生长材质性状变异情况

树龄	性状	均值	标准差	变幅	*F*	表型变异系数（%）	性状重复力
6 年生	树高（m）	6.4	0.8	5.0~8.2	2.41**	13.3	0.59
	胸径（cm）	13.1	1.7	8.1~17.4	3.38**	11.9	0.70
	材积（m^3）	0.0520	0.0158	0.0185~ 0.0956	2.87**	30.6	0.65
	冠幅（m）	3.5	0.4	2.7~4.3	2.13**	13.3	0.53
12 年生	胸径（cm）	21.0	2.6	15.4~25.7	7.68**	7.6	0.87
	木材基本密度（g/cm^3）	0.2752	0.0210	0.2332~0.3262	1.65**	10.2	0.39
	木材吸水率（%）	302.3	27.5	241.4~364.7	1.76**	11.8	0.43

表 1-11 杉木第二代改良育种园亲本无性系雌雄花量特征频率

表现水平	基于雄花量的无性系统计数量	基于雌花量的无性系统计数量	基于雌雄花量的无性系统计数量
多	5	1	1
中	13	13	7
少	44	48	41
总数	62	62	49

表 1-12 杉木第二代改良育种园 62 个亲本无性系生长材质间相关系数（*r*）

性状		6 年生				12 年生			雄花量	雌花量
		树高	胸径	材积	冠幅	胸径	木材基本密度	木材吸水率		
6 年生	树高	1.0000								
	胸径	0.6191**	1.0000							
	材积	0.8055**	0.9383**	1.0000						
	冠幅	0.3432**	0.5043**	0.4736**	1.0000					
12 年生	胸径	0.3931**	0.6826**	0.6448**	0.4003**	1.0000				
	木材基本密度	−0.0688	−0.1770*	−0.1582*	−0.1466*	−0.2683**	1.0000			
	木材吸水率	0.0782	0.1862*	0.1706*	0.1444*	0.2798**	−0.9814**	1.0000		
雄花量		0.1320	0.1866	0.1649	0.1340	0.1508	−0.0002	−0.0017	1.0000	
雌花量		0.0091	0.2566*	0.1846	0.2367	0.2072	−0.1172	0.1390	0.6322**	1.0000

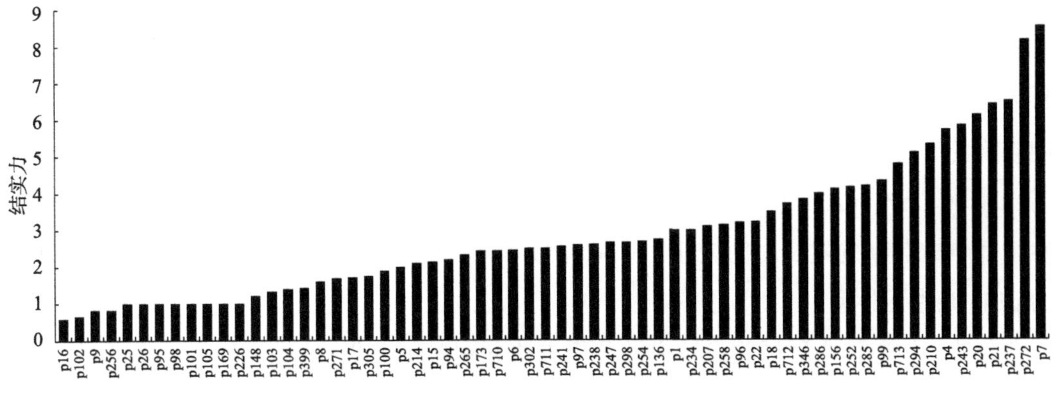

图 1-6　杉木第二代改良育种园 62 个亲本在 6 年生时的结实力比较

对第二代改良育种园中拟作为生产群体（第二代改良种子园亲本群体）的 20 个亲本无性系（p4、p6、p7、p8、p18、p20、p22、p26、p136、p148、p173、p207、p210、p214、p238、p254、p256、p286、p294、p711）开花物候遗传特性作进一步观测分析（测定地点在小坑林场，测定时间为 2012 年）。具体为：对雌雄花期进行划分，在每天固定时间观察植株雌雄花的发育情况，记录不同区组的 3 个无性系分株的花期；以 3 个分株的平均日期值为横坐标、以无性系为纵坐标，作出各无性系花期—日期图（图 1-7）。值得一提的是，p136 亲本无性系雄花量极少，没能记录其雄花期，而在 3 月 15 日以前种子园雌雄花期发育的关键时期，由于种子园中降水量大、湿度大、气温低，这些气象因子严重影响到杉木雌雄花期的发育进展，导致花期比往年推迟约 3 周；15 日以后降水减少、气温回升，花期发育加快，所以 16 日以后的花期发育进展较之前明显加快。由图 1-7 可知，雄花最早进入始花期的是 p20 亲本无性系，于 3 月 7 日开始并延续 3 天，3 日 10 日进入盛花期，但由于 15 日前降水量大、湿度大，不利于花粉飘散，空气中花粉浓

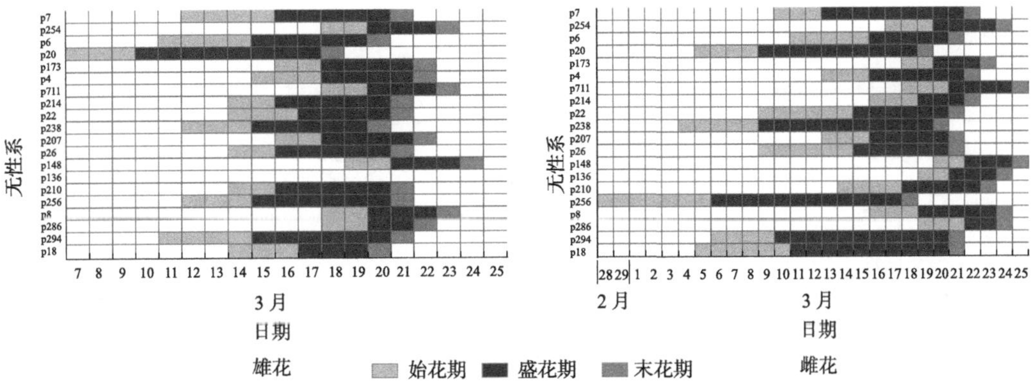

图 1-7　杉木亲本无性系雌雄花期记录（2012 年）

度非常低；雌花最早观测到进入始花期的是 p256 亲本无性系，于 2 月 28 日进入始花期并延续了 7 天，3 月 6 日进入盛花期，由于此期间没能授粉，延续了 12 天，到 3 月 18 日才进入末花期。另外，雌花花期较早的无性系，其雄花花期也较早（如 p20）；雌花花期较晚的无性系，其雄花花期也较晚（如 p711）；同一无性系雌雄花的盛花期重叠性极高，如 p6、p7、p254 等。不同无性系间的雌雄花花期重叠程度存在较大差异，个别无性系间雌雄花期的重叠时间较短，如雌花最早开放的 p256 亲本无性系和雄花最迟散粉的 p148 亲本无性系。

此外，按单株小区试验设计方差分析方法分别对雌雄花的初花期、盛花期和末花期等 6 个花期的差异显著性进行检测发现，区组效应均未达到显著水平，表明各区组间相同无性系的花期较为一致。雌雄花各花期的无性系效应检测的 F 值普遍较大（雄花为 6.60~29.76；雌花为 13.69~121.30）、显著性水平为极显著（P<0.01）。而 t 检验分析结果也显示，同一亲本的雌雄初花期差值、盛花期差值两者的差异达到极显著水平（P<0.01），雌雄末花期差值的差异性并不显著（表 1-13）。究其原因可能有如下几点，一是低温多雨等气象因素影响了各花期发育进程，二是无性系花量存在较大差异影响了各花期判断，最为主要的第三个原因是无性系间雌雄花各花期差异性在遗传上真实存在，由此可知开展无性系间的花期选择是切实可行的。

表 1-13　杉木亲本无性系雌雄花期方差分析结果

雄花期	变异来源	自由度	均方	F	雌花期	变异来源	自由度	均方	F
	区组	2	0.0115	0.58		区组	2	0.0247	0.74*
初花期	无性系	18	0.5117	26.05**	初花期	无性系	19	3.2613	97.2**
	误差	36	0.0196			误差	38	0.0336	
	区组	2	0.0253	2.66		区组	2	0.0271	2.48
盛花期	无性系	18	0.2832	29.76**	盛花期	无性系	19	1.228	121.3**
	误差	36	0.0095			误差	38	0.0101	
	区组	2	0.021	1.92		区组	2	0.0271	3.21
末花期	无性系	18	0.072	6.6**	末花期	无性系	19	0.1159	13.69**
	误差	36	0.0109			误差	38	0.0085	

按混合模型选用 SAS Procmixed 实现的 REML 方法对无性系及误差两个方差分量进行估算，结果显示，雌雄花各花期的重复力较一致，始花期和盛花期的重复力都

在 0.90 以上，末花期在 0.80 以上，均高度受遗传控制。各无性系的花期表现出遗传上的稳定性，对花期进行选择将是有效可行的。雌雄花始花期和盛花期的重复力均大于末花期，表明始花期和盛花期的遗传控制要大于末花期，即末花期受环境影响比始花期和盛花期大（表 1-14）。在花期相关性方面，雌花或雄花各花期的相关性表现一致，遗传相关和表型相关均呈现始花期和盛花期的相关性 > 盛花期和末花期的相关性 > 始花期和末花期的相关性。相关系数越大说明变化趋势越一致，相关系数越小说明变化趋势差异越大。由于在雌花或雄花中，始花期、盛花期和末花期发生的先后顺序是固定的，间隔较近的花期，趋势较一致，相关性较大。而雌雄花间的相关性中，最让人感兴趣的是末花期间的相关性。虽然表型相关中雌雄花的末花期间的相关性不是最大，但在遗传相关中是最大，说明两者间存在最大程度的遗传联系，进一步印证了同一无性系的雌雄花末花期存在联系，雄花一定程度影响雌花末花期（表 1-15）。对花期作聚类分析发现，雌雄花的末花期首先聚成一类，进一步证明了雌雄花末花期的间距最小，即说明它们之间的差异最小，表明雌雄花的末花期重叠程度较高（图 1-8）。

表 1-14　杉木亲本无性系花期重复力

雄花期	方差分量		重复力	雌花期	方差分量		重复力
	σ_c^2	σ_e^2			σ_c^2	σ_e^2	
始花期	0.1640	0.01965	0.96	始花期	0.9716	0.03159	0.99
盛花期	0.09098	0.01024	0.96	盛花期	0.4040	0.01054	0.99
末花期	0.02157	0.01350	0.83	末花期	0.03169	0.009269	0.91

表 1-15　花期相关性

花期	♂始花期	♂盛花期	♂末花期	♀始花期	♀盛花期	♀末花期
♂始花期		0.9526	0.8188	0.6683	0.7262	0.7513
♂盛花期	1.0000		0.8553	0.6363	0.6906	0.7115
♂末花期	0.9836	0.9950		0.5255	0.5685	0.6066
♀始花期	0.7038	0.6833	0.6762		0.9736	0.8189
♀盛花期	0.7622	0.7433	0.7236	0.9922		0.8531
♀末花期	0.8419	0.8466	0.8783	0.9307	0.9459	

注：左下部分为遗传相关；右上部分为表型相关；♂为雄花；♀为雌花。

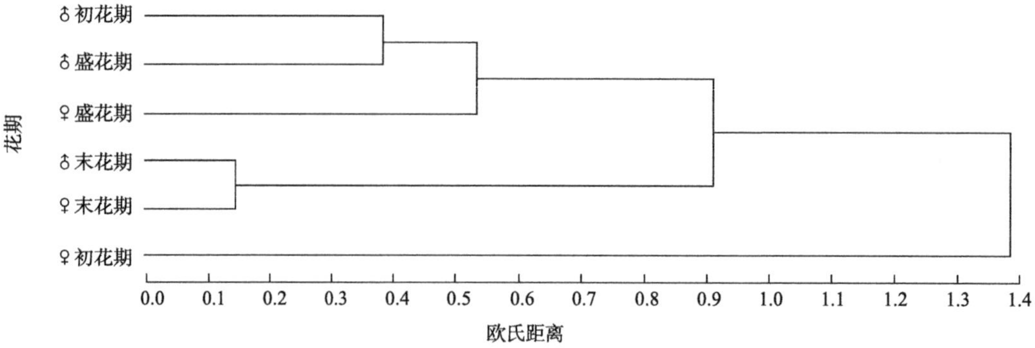

图 1-8 杉木亲本无性系各花期聚类结果

注：♂为雄花，♀为雌花。

三、杉木育种亲本优异类型选择

根据基因库、育种园亲本无性系生长、材质、形质、结实测定结果及历史调查数据可知，不同亲本无性系生长（树高、胸径、材积、树皮比率）、材质（木材基本密度、心材色泽、管胞形态）、形质（冠幅、叶片色泽）、结实性等方面均有显著性差异，部分无性系表现尤为优异。以同一林分无性系群体为选择单元、以群体均值为选择基线，并对不同林分同一无性系表现水平进行比较，综合选出速生型、速生优质型、红心材型、纸浆材型、窄冠型、薄皮型、银枝观赏型、速生多果型等典型杉木类型。

速生型：共包括 32 个无性系（cx14、cx27、cx40、cx41、cx81、cx82、cx90、cx110、cx236、cx330、cx350、cx360、cx410、cx452、cx507、cx521、cx524、cx528、cx536、cx537、cx540、cx545、cx548、cx560、cx562、cx567、cx572、cx574、cx588、cx626、cx639、cx652），具有速生、适应性强、表现稳定等特点，是创制杉木第三代育种材料的重要亲本。其中，cx14、cx27、cx40、cx41、cx81、cx82、cx110、cx330、cx452、cx528、cx536、cx537、cx562、cx626、cx639 等 15 个无性系属速生广适型（即至少有两处测定地点其胸径值均高于群体均值，且材积增益均 > 40%），无性系树高、胸径、材积增益分别达 2.64%~56.13%、8.65%~52.31%、40.99%~197.86%（图 1-9）。

速生优质型：生长与木材基本密度皆优，包括 cx27、cx513、cx584、cx642、cx797、cx817、cx820 等 7 个无性系，经单地点测定，无性系树高、胸径、材积、木材基本密度增益分别达 −4.90%~28.26%、4.63%~39.38%、21.02%~89.56%、8.05%~14.32%。其中，5 个无性系（cx27、cx584、cx642、cx817、cx820）材积增益 > 26%、木材基本密度 > 10%，表现突出。

图 1-9　速生型杉木无性系选择

红心材型：针对小坑林场杉木基因库中 104 个亲本无性系作早期选择，共有 14 个红心材型无性系，包括 cx180、cx200、cx624、cx627、cx703、cx710、cx716、cx725、cx729、cx735、cx746、cx762、cx786、cx797。这些无性系 6 年生时红心材重现率均大于等于50%，且红心材特征相对稳定，最大红心材比率平均可达 18.3%，平均木材基本密度也略高于群体均值（现实增益 0.7%）。以胸径为选择指标对上述无性系进行再选择，发现入选率在 75% 时，胸径、木材基本密度、最大红心材比率可实现正增益，入选系号包括 cx180、cx200、cx624、cx703、cx710、cx725、cx729、cx735、cx746、cx762、cx797 等，为速生红心杉无性系（表 1-16）。

表 1-16　不同入选率下红心材杉木早期选择无性系生长材质性状的现实增益

性状	100% 入选率（n=14）		75% 入选率（n=11）		50% 入选率（n=7）		25% 入选率（n=4）	
	均值	现实增益（%）	均值	现实增益（%）	均值	现实增益（%）	均值	现实增益（%）
胸径（cm）	13.8	−3.5	14.5	1.4	15.9	11.2	17.0	18.9
木材基本密度（g/cm^3）	0.2923	0.7	0.2933	1.0	0.2853	−1.7	0.2772	−4.5
最大红心材比率（%）	18.3	0.0	20.1	9.8	20.1	9.8	20.0	9.3

注：针对小坑林场杉木基因库中 104 个亲本无性系作早期选择，对红心材重现率≥50% 的 14 个无性系再选择（以胸径为指标），其中胸径和木材基本密度现实增益测定的 104 个无性系均值为基准，最大红心材比率现实增益以上述 14 个无性系均值为基准。

纸浆材型：速生且具有较长的管胞，包括 cx27、cx73、cx80、cx81、cx110、cx130、cx190、cx200、cx236、cx237、cx240、cx247、cx300、cx330、cx484、cx509、cx520、cx522、cx523、cx535、cx537、cx543、cx550、cx579 等 24 个无性系，胸径和材积及管胞长度均高于群体均值，管胞长度 > 3.1mm（3.2~3.6mm），材积、管胞长度增益分别达 8.50%~134.97%、0.26%~13.23%。

窄冠型：速生且冠径比较小，包括无性系 cx8、cx19、cx26、cx30、cx232、cx310、cx702、cx731、cx742、cx773、cx785、cx794 等 12 个无性系，树高、胸径均高于群体均值，冠径比介于 9.2~18.1，其中有 8 个无性系（cx8、cx19、cx26、cx30、cx310、cx702、cx785、cx794）冠径比≤15（9.2~15.0）（图 1-10）。

图 1-10　窄冠型杉木无性系选择

注：最左图为宽冠型杉木，其余均为窄冠型杉木。

薄皮型：速生且树皮比率较低，包括 cx27、cx40、cx46、cx50、cx330、cx524、cx626、cx815、cx816、cx817、cx818、cx819、cx820 等 13 个无性系，各胸径、材积值均高于群体均值，材积增益达 37.40%~68.16%，树皮比率均小于等于7.0%（4.1%~7.0%）。（图 1-11）

图 1-11　薄皮型杉木无性系选择

银枝观赏型：选出枝叶色呈明显银灰色、叶色稳定，具有较高观赏价值的杉木无性系（银枝观赏型）7 个，包括 cx33、cx100、cx613、cx623、cx639、cx702、T-c04（图 1-12）。

图 1-12　观赏型杉木无性系选择

注:（a）为银枝观赏型，（b）为油杉。

速生多果型：包括 cx80、cx484、cx561、cx562、cx569、cx571、cx572、cx573、cx575、cx577 等 10 个无性系，胸径值均高于群体均值且结实量高、稳定，是杉木种子园骨干亲本，也是创制杉木第三代育种材料的重要亲本（图 1-13）。

图 1-13　速生多果型杉木无性系选择

注:（a）为速生多果型，（b）为速生少果型。

第三节　育种亲本子代测定与优良家系选择

子代测定与评价是林木遗传改良的重要环节，通过对育种亲本子代进行单一地点或多个地点、单一年度或多年度的测定，可对育种亲本的育种价值及其遗传表现和稳定性作出更为综合的评价，同时可进一步筛选出更为速生丰产、适生性或耐逆性更强的家系。以下为对杉木育种亲本子代测定与优良家系选择研究的 4 个案例。

一、案例 1: 杉木第二代育种亲本子代多地点测定与优良家系决选

测试材料为广东杉木第二代种子园 26 个候选核心亲本半同胞家系，以小坑林场初级园混合种（CK1）和第一代改良种子园混合种（CK2）为对照。1996 年分系采种，1997 年在龙山林场培育试验用苗，1998 年 2~3 月营造试验林。试验林分布在广东省北部及西北部杉木主要生产区，包括龙山林场、韶关市国有曲江林场（简称"曲江林场"）、肇庆市国有新岗林场（简称"新岗林场"）等 3 个试验区。其中，龙山林场试验区设有 A 和 B 2 个试验点。试验林采用随机完全区组设计，4 株小区，8 次重复，株行距 2m × 2m，试验区四周种植松树或桤木作隔离保护。造林后 3 年内每年抚育 1~2 次，没有施肥。基于此，分析第二代育种亲本子代生长性状和适应性在不同地点的差异性及其变异规律，尤其在成熟期（16 年生）时对子代家系做出决选，以期为第二代种子园亲本的逆向选择与第二代改良种子园亲本群体构建提供依据。

单点方差分析结果表明，龙山林场 A 区，胸径和单株材积的区组、家系、家系 × 区组三个效应均存在极显著差异（$P<0.01$），树高的家系和家系 × 区组两个效应均未达显著水平，但区组效应达极显著水平（$P<0.01$）；龙山林场 B 区，树高、胸径、单株材积的区组和两个效应均达极显著差异（$P<0.01$），而家系 × 区组效应差异不显著；曲江林场和新岗林场，树高、胸径、单株材积的区组效应达极显著水平（$P<0.01$），而家系和家系 × 区组两个效应差异均不显著。由此可见，不同家系在不同地点生长差异性明显不同，各参试家系的生长除受本身遗传因素影响外，环境条件对生长也起着较大的影响（表 1-17）。

对 4 个试验点参试家系生长情况进行多点联合方差分析表明，树高、胸径、单株材积的地点、区组、家系三个效应均达极显著差异（$P<0.01$），胸径和单株材积的家系 × 地

点效应也达极显著差异（$P<0.01$）（表 1-18）。从表 1-19 可知，龙山林场 B 区试验点林分平均树高、胸径、单株材积分别为 12.19m、18.81cm、0.2284m^3，整体生长水平显著优于其他 3 个试验点；新岗林场和曲江林场试验点处于中等水平，龙山林场 A 区表现最差。这说明，各地点的小气候、土壤等环境因子存在差异，导致地点间林分生长情况的明显差异。

在多点联合方差分析的基础上，进行了家系遗传力及遗传增益估算，树高、胸径的家系遗传力分别为 0.32、0.49，处于中等偏上水平，可见参试第二代种子园家系生长性状有效遗传至下一代，特别是胸径性状具有更为稳定的遗传能力。以小坑初级园混合种（CK1）和第一代改良种子园混合种（CK2）作对照分别计算第二代种子园家系遗传增益 ΔG_1、ΔG_2，当家系选择率分别为 10%、20%、30% 时，与初级园混合种比较，其树高遗传增益预估值为 1.63%~2.28%，胸径遗传增益预估值为 5.15%~6.40%；与第一代改良种子园混合种比较，其树高遗传增益预估值为 0.75%~1.38%，胸径遗传增益预估值为 2.58%~3.77%，表明第二代种子园家系子代各生长性状遗传品质均高于初级园和第一代改良种子园子代（表 1-20）。

表 1-17　16 年生杉木家系生长性状方差分析

试验地点	变异来源	自由度	树高		胸径		单株材积	
			F	*P*	*F*	*P*	*F*	*P*
龙山林场 A 区	区组	7	26.74	<0.0001	33.73	<0.0001	34.52	<0.0001
	家系	27	1.28	0.1559	2.31	0.0002	2.16	0.0007
	家系 × 区组	189	1.21	0.0533	1.43	0.0009	1.94	0.0003
龙山林场 B 区	区组	7	16.49	< 0.0001	22.97	< 0.0001	23.07	< 0.0001
	家系	27	1.80	0.0083	1.97	0.0028	1.93	0.0035
	家系 × 区组	189	1.01	0.4751	1.19	0.0668	1.11	0.1846
曲江林场	区组	7	22.69	< 0.0001	49.97	< 0.0001	46.40	< 0.0001
	家系	27	1.06	0.3824	1.39	0.0918	1.28	0.1662
	家系 × 区组	189	1.02	0.4421	1.22	0.0433	1.20	0.0610
新岗林场	区组	3	3.92	0.0098	4.63	0.0039	5.95	0.0007
	家系	27	1.33	0.1426	1.32	0.1462	1.52	0.0605
	家系 × 区组	71	1.41	0.2515	0.93	0.6222	1.12	0.2724

表 1-18　16 年生杉木家系生长性状多点联合方差分析

变异来源	自由度	树高		胸径		单株材积	
		F	*P*	*F*	*P*	*F*	*P*
地点	3	7.84	< 0.0001	59.92	< 0.0001	70.57	< 0.0001
地点内区组	24	19.63	< 0.0001	30.12	< 0.0001	27.02	< .0001
家系	27	1.84	0.0053	2.93	< 0.0001	2.17	0.0005
家系 × 地点	81	1.26	0.0062	1.48	0.0040	2.05	< 0.0001
家系 × 地点内区组	636	1.09	0.0823	1.23	0.0005	1.25	0.0002

表 1-19　杉木家系在不同地点林分的生长多重比较（16 年生）

地点	树高（m）	胸径（cm）	单株材积（m^3）
龙山林场 A 区	11.68 ± 0.08b	16.42 ± 0.20b	0.1507 ± 0.0040c
龙山林场 B 区	12.19 ± 0.09a	18.81 ± 0.20a	0.2284 ± 0.0046a
曲江林场	11.93 ± 0.09ab	16.62 ± 0.17b	0.1587 ± 0.035c
新岗林场	11.97 ± 0.17ab	16.92 ± 0.34b	0.1973 ± 0.0110b

注：表中数值为平均值 ± 标准误，各列数值后不同字母表示数值间在 0.05 水平差异显著。

表 1-20　16 年生杉木家系遗传力及遗传增益估算

性状	家系	遗传增益 ΔG_1（%）			遗传增益 ΔG_2（%）		
	遗传力	*P*=0.10	*P*=0.20	*P*=0.30	*P*=0.10	*P*=0.20	*P*=0.30
树高	0.32	2.28	1.84	1.63	1.38	0.95	0.75
胸径	0.49	6.40	5.88	5.15	3.77	3.28	2.58

注：*P* 为选择率；ΔG_1 计算以初级园混合种为对照，ΔG_2 计算以第一代改良种子园混合种为对照。

以不同家系在 4 个试验点平均单株材积作为生长性状综合考察指标，变异系数作为稳定性考察指标，对 28 个参试品系（包括对照）进行分类评价。从表 1-21 可以看出，第二代种子园家系的单株材积为 0.1436~0.2200m^3，平均值为 0.1834m^3。单株材积生长量表现为第二代种子园家系均值 > 第一代改良种子园家系均值 > 初级种子园家系均值。第二代种子园家系单株材积变异系数为 5.10%~52.20%，其中稳定性优于 CK1、CK2 的家系数超过 57%。以群体平均水平为标准，将 16 年生第二代种子园家系分为 4 组，第 I 组为速生广适型，包括家系 15、17、20、22、23、25，可全面推广应用；第 II 组为区域速生型，包括家系 5、10、16、19、21、28，可局部地区限制性使用；第 III 组为慢生变化型，包括家系 3、4、6、9、11、13，不宜推广；第 IV 组为慢生稳定型，包括家系 7、8、12、14、18、24、26、27（图 1-14）。

表 1-21　16 年生杉木家系平均单株材积和变异系数

家系	单株材积（m^3）	变异系数（%）	家系	单株材积（m^3）	变异系数（%）	家系	单株材积（m^3）	变异系数（%）
CK1	0.1682	23.03	11	0.1771	35.13	21	0.2154	29.07
CK2	0.1826	24.81	12	0.1649	9.95	22	0.1872	14.52
3	0.1749	25.04	13	0.1735	31.47	23	0.2026	13.22
4	0.1816	24.38	14	0.1436	15.41	24	0.1724	20.50
5	0.1981	29.05	15	0.2039	22.69	25	0.1922	18.06
6	0.1688	26.31	16	0.1892	25.47	26	0.1618	12.41
7	0.1766	22.02	17	0.1866	5.10	27	0.1737	12.50
8	0.1769	23.17	18	0.1641	10.89	28	0.2200	49.30
9	0.1769	29.77	19	0.2123	25.25	平均	0.1834	23.25
10	0.1955	52.20	20	0.1949	20.20			

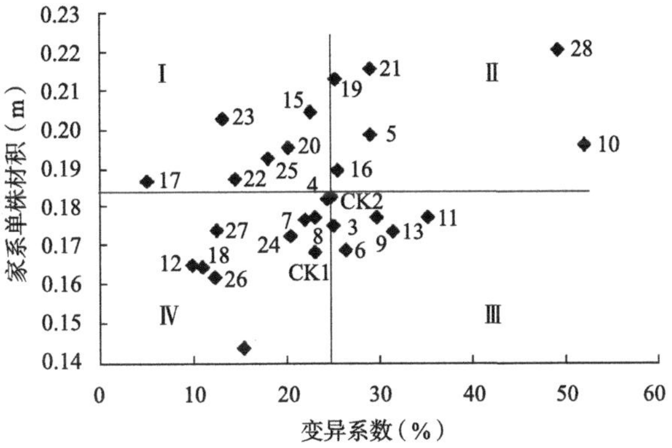

图 1-14　16 年生杉木家系分组

根据上述分组结果，可对第二代家系作出决选，Ⅰ、Ⅱ组家系均入选（表 1-22），其中：速生广适型家系 15、17、20、22、23、25，平均单株材积为 0.1946m^3，比群体均值大 6.10%，比 CK1 大 15.68%，比 CK2 大 6.55%，可全面推广应用，获得较高现实增益；区域速生型家系 19、21，平均单株材积为 0.2139m^3，比群体均值大 16.62%，比 CK1 大 27.15%，比 CK2 大 17.12%，但其适生稳定性较差，仅适合在龙山林场及相似立地条件地区推广；速生变化型家系 5、10、16、28，平均单株材积为 0.2007m^3，比群体均值大 9.45%，比 CK1 大 19.33%，比 CK2 大 9.92%，但其适生稳定性较差，仅适合在新岗林场及相似立地条件地区推广。入选的家系 5、10、15、16、17、19、20、21、22、23、25、28 对应的亲本编号分别为 p226、cx45、cx574、py16、p275、cx581、cx16、cx546、cx569、p3、cx548、p229。

表 1-22 入选优良家系名录及材积增益

入选家系号	平均材积（m^3）	相对于群体均值现实增益(%)	相对于 CK1 现实增益（%）	相对于 CK2 现实增益（%）	评价
15、17、20、22、23、25	0.1946	6.10	15.68	6.55	速生广适型，可全面推广
19、21	0.2139	16.62	27.15	17.12	区域速生型，适合龙山林场及相似立地条件地区推广
5、10、16、28	0.2007	9.45	19.33	9.92	区域速生型，适合新岗林场及相似立地条件地区推广

二、案例 2：育种亲本子代耐热性区域测定及家系选择

广东省地跨南亚热带和中亚热带，大部分杉木试验研究集中在中亚热带，对温度较高的南亚热带地区测试研究较少。为充分利用南亚热带相对丰富的水热自然气候条件，选育出具有较强耐热性的杉木品系，2010 年 5 月研究组于广东省肇庆市国有大南山林场（简称“大南山林场”）营建了杉木优良家系南亚热带区域试验林。具体测试材料为广东杉木优良育种亲本半同胞子代，参试家系 20 个，以小坑林场第一代改良种子园混合种（CK-1）、龙山林场第二代育种亲本混合种（CK-2）为对照。2008 年分家系进行采种，2009 年培育苗木，2010 年 5 月 20 日营造试验林。试验地设在大南山林场，地处北纬 23° 12'、东经 112° 24'，年平均气温 21℃，年平均降水量 1766.7mm，属南亚热带气候类型，水热条件好，土层较肥厚，保水性能较好。试验林采用随机完全区组设计，4 株一小区，10 次重复。2016 年 12 月对测定林树高、胸径进行每木测量。

6.5 年生测定结果表明，参试的 20 个半同胞家系（1~20 号家系）胸径生长量为 9.7~11.9cm，标准差为 2.2~3.7cm，所有家系胸径测定值均高于 CK-1（胸径均值 9.5cm）。方差分析结果显示，20 个家系胸径生长量的重复、家系、家系与重复互作三个效应均达极显著水平（P<0.01）（表 1-23）。经 Duncan 多重比较发现，大部分试验家系生长表现较为一致，多重比较组 a 中共有 15 个家系入选，而以 CK-2 为对照（胸径均值 11.1cm），可选择出 9 个速生耐热家系，包括家系 10、5、11、14、17、6、12、1、13，这些家系胸径现实增益达 0.75%~6.88%，相较于 CK-1，现实增益则达 17.36%~24.50%（表 1-24）。入选的 9 个家系对应的亲本编号分别为 cx70、cx100、cx110、cx250、cx330、cx340、cx370、cx521、cx522。

表 1-23　杉木家系胸径表现的方差分析结果

变异来源	自由度	平方和	均方	*F*	*P*
重复	9	879.370	97.71	17.79	< 0.0001
家系	19	216.237	11.38	2.07	0.0050
家系 × 重复	166	1913.190	11.53	2.10	< 0.0001

表 1-24　杉木不同家系 6.5 年生时胸径生长表现

家系	胸径均值（cm）	相对于 CK-1 现实增益（%）	相对于 CK-2 现实增益（%）	家系	胸径均值（cm）	相对于 CK-1 现实增益（%）	相对于 CK-2 现实增益（%）
10	11.9a	24.50	6.88	3	10.9abcd	14.47	−1.73
5	11.6ab	21.17	4.02	15	10.8abcde	12.82	−3.15
11	11.5ab	21.10	3.97	16	10.7abcde	12.55	−3.38
14	11.4abc	19.31	2.43	4	10.7abcde	12.53	−3.40
17	11.4abc	19.21	2.34	20	10.6abcde	11.64	−4.17
6	11.3abc	18.92	2.09	9	10.5bcde	10.04	−5.54
12	11.3abc	18.55	1.78	19	10.3bcde	8.23	−7.09
1	11.3abc	18.55	1.77	18	10.1cde	6.23	−8.81
13	11.2abc	17.36	0.75	8	10.1cde	5.44	−9.49
2	11.1abc	15.91	−0.49	7	9.7de	2.06	−12.39

注：表中数值后不同字母表示数值间在 0.05 水平差异显著。

三、案例 3：杂交子代区域测定与优良亲本组合选择

2011 年 3 月，以杉木第二代优异亲本为对象（p4、p7、p148、p207、p238、p256），采用 Xiang 等（2001）建立的 Smart Diallel 遗传交配设计方案开展人工控制授粉工作，获得“优 × 优”杂交组合（♀ × ♂），包括 p4 × p7、p4 × p256、p4 × p207、p7 × p148、p7 × p238、p148 × p256 等系列杂交组合子代（全同胞子代）。2011 年 11 月分家系采种，2012 年分系育苗，2013 年 4 月营造试验林。试验地设在肇庆市国有大坑山林场（简称“大坑山林场”），地处北纬 23° 28′ ~24° 23′、东经 110° 52′ ~112° 30′，属中亚热带过渡气候区，年平均气温 20.8℃，年平均降水量 1782mm，相对湿度大，多云雾，测试林（地）土层肥力较强，保水性能较好。试验林采用随机完全区组设计，4 株小区，6 次重复。2015 年 1 月对测定林树高、地径进行每木测量。

树高方差分析结果显示，家系效应在杉木 2 年生时就已达极显著水平（$P<0.01$），区组、

家系与区组互作两个效应均未达显著水平。而地径方差分析结果则表明，区组、家系两个效应均达极显著水平（$P<0.01$），而家系与区组的互作效应未达显著水平，同样说明在地径性状上，家系间也存在真实的遗传差异，同时不同区组间地径生长差异也较大，没有树高性状表现一致（表 1-25）。

表 1-25　杉木杂交子代生长方差分析

性状	变异来源	自由度	平方和	均方	F	P
树高	区组	5	0.4689	0.0938	0.73	0.6049
	家系	5	3.1763	0.6353	4.93	0.0005
	家系 × 区组	25	3.4008	0.1360	1.05	0.4101
地径	区组	5	11.7444	2.3489	3.47	0.0065
	家系	5	13.9805	2.7961	4.13	0.0020
	家系 × 区组	25	25.9379	1.0375	1.53	0.0754

另外，对生长性状遗传参数进行计算发现，树高加性方差为 0.0596，显性方差 0.0040，表型方差 0.0724，狭义和广义遗传力分别为 0.8232 和 0.8785，属于较高水平，说明树高受较强的遗传控制。而地径的加性方差为 0.1900，显性方差 0.0444，表型方差 0.2857，狭义和广义遗传力分别达 0.4470 和 0.5515，属中等以上水平（表 1-26）。

表 1-26　杉木杂交子代生长性状遗传参数

性状	加性方差（δ^2_A）	显性方差（δ^2_D）	误差（δ^2_e）	表型方差（δ^2_P）	狭义遗传力（h^2_n）	广义遗传力（h^2_b）
树高	0.0596	0.0040	0.0386	0.0724	0.8232	0.8785
地径	0.1900	0.0444	0.2857	0.4252	0.4470	0.5515

交配设计中各杂交亲本的育种值估算结果显示，在树高性状上，育种值最大的亲本为 p4，其次为 p207、p256，育种值最小的亲本为 p148；在地径性状上，亲本育种值最大的亲本为 p207，其次为 p4、p256，育种值最小的亲本为 p148。综合树高、地径育种值可知，p4、p207、p256 具有更大的育种值。经多重比较分析还发现，p4 × p207 杂交组合子代树高生长最优，其次是 p4 × p256、p7 × p238、p4 × p7，四者显著高于 p7 × p148、p148 × p256 杂交组合（$P<0.05$）。值得关注的是，p4 × p207 杂交组合子代径向生长（地径）同样最优，其次是 p7 × p238、p4 × p256，三者显著高于 p148 × p256 杂交组合（$P<0.05$）（表 1-27）。

表 1-27　杉木杂交亲本育种值

性状	亲本育种值					
	p4	p7	p148	p256	p238	p207
树高	0.0923	−0.0110	−0.1676	0.0461	−0.0351	0.0753
地径	0.1184	0.0076	−0.2434	0.0866	−0.0942	0.1250

四、案例 4：基于生理生化指标的杉木优良家系耐旱性测评

对小坑林场杉木基因库中 28 个优良半同胞家系（67、100、130、180、190、200、604、606、619、627、640、652、653、708、729、731、735、741、742、744、747、757、761、cx763、765、770、779、785）1 年生实生苗木在 PEG6000 模拟干旱下的生理生化指标进行系统测定，由此对不同家系的耐旱性作出评价。

按家系和处理双因素对干旱条件下不同家系叶片相对含水量（RWC）进行方差分析发现，家系和处理的效应极为显著，而家系与处理间的互作效应不显著，说明不同家系间叶片 RWC 差异较大，达到极显著水平（$P<0.01$），不同处理间的叶片 RWC 差异同样较大，也达到极显著水平（$P<0.01$）。与叶片 RWC 差异分析相似，超氧化物歧化酶（SOD）活性差异分析结果如表 1-28 所示。家系、处理以及家系与处理间互作等的效应均达到极显著，说明不同家系间、不同处理间 SOD 活性差异较大（表 1-28）。

表 1-28　杉木家系叶片 RWC 与 SOD 活性方差分析结果

性状	变异来源	自由度	平方和	均方	*F*	*P*
叶片 RWC	家系	27	3.8125	0.1362	3.29	<.0001
	处理	1	0.9465	0.9465	22.85	<.0001
	家系 × 处理	27	1.2012	0.0429	1.04	0.4299
	误差	112	4.5562	0.0414		
SOD 活性	家系	27	1045.8972	38.7369	61.4	<.0001
	处理	1	275.6866	275.6866	436.96	<.0001
	家系 × 处理	27	174.3729	6.4583	10.24	<.0001
	误差	112	70.6637	0.6309		

与未经胁迫处理样（对照）相比，干旱胁迫处理后的杉木家系 SOD 活性有所提高，尤其以家系 604、742、763、779 SOD 活性表现突出，各家系在过氧化物酶（POD）活性响应方面与 SOD 活性相似，家系 604、742、763、779 也表现出较强的 POD 活性（图 1-15）。此外，干旱胁迫使各家系过氧化氢酶（CAT）活性发生较大的变化，其中 190、604、619、640、708、742、744、747、761、770、779 等 11 个家系的 CAT 活性提高程度较大。

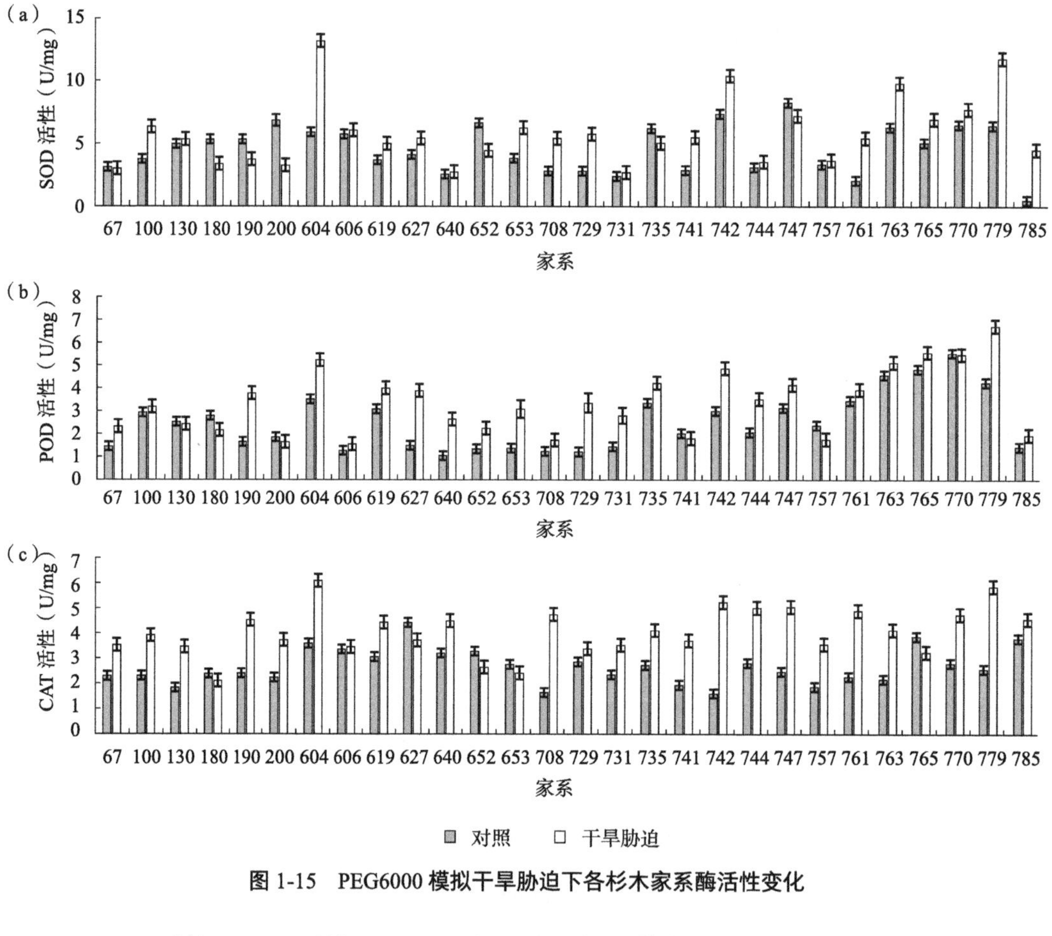

图 1-15 PEG6000 模拟干旱胁迫下各杉木家系酶活性变化

以 SOD 活性、POD 活性和 CAT 活性 3 个指标为依据，采用隶属函数值法对杉木各家系耐旱性进行综合评价，各家系 SOD 活性、POD 活性、CAT 活性隶属函数值详见表 1-29，求取各家系各指标隶属函数值均值可知，参试的 28 个杉木家系的耐旱性由大到小的顺序为 779>604>742>770>763>747>765>619>735>744>761>627>100>190>729>708>785>640>130>653>741>606>731>67>757>200>652>180。

表 1-29　杉木家系耐旱性评价

家系	各指标隶属函数值			隶属函数值均值	耐旱性排序
	SOD 活性	POD 活性	CAT 活性		
67	0.0293	0.1519	0.3648	0.1820	24
100	0.3488	0.3163	0.4615	0.3756	13
130	0.2518	0.1685	0.3499	0.2567	19
180	0.0659	0.1220	0.0000	0.0626	28
190	0.0996	0.4311	0.5955	0.3754	14
200	0.0481	0.0153	0.4020	0.1551	26
604	1.0000	0.7143	1.0000	0.9048	2
606	0.3202	0.0000	0.3375	0.2192	22
619	0.2158	0.4742	0.5906	0.4268	8
627	0.2623	0.4553	0.4094	0.3757	12
640	0.0032	0.2103	0.5980	0.2705	18
652	0.1630	0.1339	0.1439	0.1469	27
653	0.3425	0.3163	0.0819	0.2469	20
708	0.2619	0.0342	0.6675	0.3212	16
729	0.2922	0.3796	0.3251	0.3323	15
731	0.0032	0.2534	0.3648	0.2071	23
735	0.2241	0.5198	0.4988	0.4142	9
741	0.2661	0.0507	0.4045	0.2404	21
742	0.7365	0.6417	0.7891	0.7224	3
744	0.0866	0.3875	0.7295	0.4012	10
747	0.4287	0.5063	0.7395	0.5581	6
757	0.0913	0.0410	0.3573	0.1632	25
761	0.0000	0.4600	0.6998	0.3866	11
763	0.6776	0.6943	0.5112	0.6277	5
765	0.3985	0.7749	0.2928	0.4887	7
770	0.4742	0.7607	0.6700	0.6350	4
779	0.8666	1.0000	0.9404	0.9357	1
785	0.1719	0.0741	0.6179	0.2879	17

第四节　无性系测定与选择

在各项种源、家系试验基础上，国内多个高校和科研院所继而开展了杉木优良无性系的测定与选育研究，新的优良无性系不断涌现且应用到生产实践中。近年来，国家对木材战略储备和生态建设的用种提出了更高的要求，国内外市场对杉木的用材需求也从数量型向数量与木材品质并重多种用途型转变。选育速生优质耐逆型杉木无性系具有重要的现实意义。同时，如何进一步提高无性系的选择效率也成为育种者关心的问题。

一、杉木多性状选择指数方程构建与无性系选择

为提高杉木无性系多性状选择效率与精度，以大坑山林场两处杉木无性系测定林 A 和测定林 B 的生长、材质性状测定数据为源数据构建杉木多性状指数选择方程。涉及的测定林参试无性系原始种苗为 1 年生扦插无性系，由广东省杉木初级种子园子代幼林优株及优良种源、优良家系、初级种子园子代与优良类型实生超级苗转化所得，共有 140 个无性系参试，分两批测试，包括测定林 A 和测定林 B。其中，测定林 A 于 1992 年营建，有 38 个无性系参试（含 1 个对照），测定林采用随机完全区组设计，5 个区组，2 株一小区，造林密度为 2.33m×2.66m。测定林 B 于 1994 年营建，有 102 个无性系参试（含 2 个对照），测定林采用随机完全区组设计，5 个区组，2 株一小区，造林密度为 1.67m×2.00m。2010 年 12 月期间，调查两块测定林每木树高、胸径，并利用树木生长锥钻取各小区内生长最优株胸高处木芯，以此为样本作材质性状分析。木材性状指标包括木材基本密度和心材比率。

基于这些测定数据，构建选择指数的参数见表 1-30，全部选择指数方程见表 1-31。根据性状的相关性，选择材积、心材比率、木材基本密度三个性状，采用无约束、等权重构建选择指数方程①、⑤；结合当前杉木育种的主要目标性状为材积和木材基本密度，因此构建只包括材积和木材基本密度的选择指数方程，按等权重构建选择指数方程②、⑥；加大木材基本密度的权重，测定林 A 采用 1.5 倍（选择指数方程③）和 2 倍（选择指数方程④）木材基本密度权重，测定林 B 采用 1.2 倍（选择指数方程⑦）和 1.5 倍（选择指数方程⑧）木材基本密度权重，建立材积和木材基本密度不等权重、偏重木材基本密度的选择指数方程。测定林 A 各选择指数数值(I)与综合育种值(H)之间的相关系数(r_{IH})介于 0.762~0.869 之间，测定林 B 则介于 0.695~0.794 之间，说明综合指数方程具有较高的估计准确性。指数选择预期响应 ΔH 在两块测定林各指数方程中呈现，其中，在等

权重的选择指数方程①、⑤中相对较低；在偏重木材基本密度的选择指数方程中相对较高，如测定林 A 在 2 倍木材基本密度权重的选择指数方程④中为 2.612，测定林 B 在 1.5 倍权重的选择指数方程⑧中为 1.884。

表 1-30　构建选择指数的参数

测定林	性状	经济权重	重复力	表型方差	材积 x_1	心材比率 x_2	木材基本密度 x_3
A	材积 x_1	13.9987	0.9109	0.0071		0.0166	−0.0121
	心材比率 x_2	9.1733	0.3588	0.1090	−0.0514		−0.1076
	木材基本密度 x_3	30.7315	0.6512	0.0032	−0.0761	−0.4201	
B	材积 x_1	17.2653	0.7298	0.0579		0.2095	−0.1214
	心材比率 x_2	9.2951	0.5568	0.1075	0.0578		−0.0438
	木材基本密度 x_3	30.5222	0.6977	0.0032	−0.2252	−0.2410	

表 1-31　不同性状配合选择指数方程

测定林	选择指数方程	权重比重	相关系数 r_{IH}	预期响应 ΔH
A	① I_A= 11.669x_1−3.498x_2+11.020x_3	1∶1∶1	0.762	1.465
	② I_A= 12.033x_1+18.532x_3	1∶0∶1	0.869	1.469
	③ I_A= 11.678x_1+28.529x_3	1∶0∶1.5	0.836	2.183
	④ I_A= 11.323x_1+38.532x_3	1∶0∶2	0.819	2.612
B	⑤ I_B= 10.223x_1+3.162x_2+ 14.455x_3	1∶1∶1	0.695	1.552
	⑥ I_B= 11.114x_1+18.776x_3	1∶0∶1	0.794	1.837
	⑦ I_B= 10.848x_1+22.534x_3	1∶0∶1.2	0.792	1.619
	⑧ I_B= 10.448x_1+29.281x_3	1∶0∶1.5	0.794	1.884

注：x_1、x_2、x_3 分别为材积、心材比率、木材基本密度的无性系表型平均值；r_{IH} 为指数值 I 与综合育种值 H 之间的相关系数；ΔH 为 10% 入选率 [选择强度（i）=1.76] 情况下的指数选择预期响应。

以单株材积、心材比率和木材基本密度的性状平均值及选择指数方程计算选择指数进行选择，以 10% 入选率计算现实增益，各选择方法的现实增益见图 1-16。由图可知，不同的选择方法在两块测定林中显示出十分相似的选择结果，指数选择和材积选择都得到较大的材积增益（见选择指数方程①、⑤及材积选择），但指数选择获得的木材基本密度和心材比率的增益要明显大于材积选择，表明指数选择可以综合改良各性状，达到更理想的多性状综合改良的效果。选择指数方程②、③、④和⑥、⑦、⑧的结果显示，测定林 A 由于参试无性系较少，木材基本密度等权于 1.5 倍权重选出相同的无性系，只有权重比提高到 2 倍时，才能选出木材基本密度较大的无性系；而测定林 B 由于参试无性系较多，木材基本密度等权重、1.2 倍权重和 1.5 倍权重的选择结果差异较大，随着权重的增加，木材基本密度的增益不断加大，而材积增益却不断降低。值得注意的是，材积、心材比率和木材基本密度单性状选择的现实增益在两块测定林中都呈现出材积 > 心材比率 > 木材基本密度的规律，与各性状的遗传变异系数的变化规律相同，即显示出遗传变异系数大的性状遗传增益也大。对材积进行选择，心材比率和木材基本密度都出现一定程度的正向增益；对木材基本密度进行选择，材积和心材比率都出现较大的负增益；对心材比率进行选择，材积和木材基本密度出现较大程度的负增益。这些结果表明，对遗传变异系数大的性状进行选择，由于丰富的遗传变异的存在，为间接选择遗传变异系数小的性状提供了较大空间；反之，对遗传变异系数小的性状进行选择，则可能由于遗传变异幅度小，在其中间接选择遗传变异系数大的性状的空间较小，出现较大负增益的概率相应增大。在保持木材基本密度不低于平均值的条件下，进行材积选择的独立淘汰法选择策略中，测定林 A 的选择结果与材积选择一致；测定林 B 材积增益达 52.8%，比选择指数方程⑤的 42.77% 大，但木材基本密度的增益就为 0，比选择指数方程⑤的 2.81% 小，进一步说明指数选择能综合提高多性状的增益。

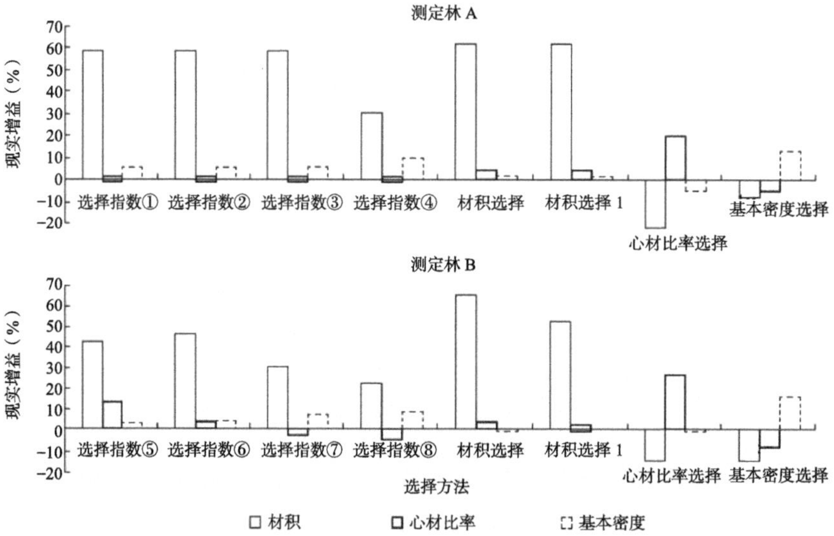

图 1-16　10% 入选率下不同选择方法的现实增益

注：选择指数①按选择指数方程①计算的指数值大小进行选择，如此类推；材积选择、心材比率选择、木材基本密度（图中简称为“基本密度”）选择分别按材积、心材比率和木材基本密度等单性状值大小进行选择；材积选择 1 为保持木材基本密度在群体平均值以上进行材积选择。

综合以上的分析，采用 10% 入选率的指数选择法进行无性系选择，按不同的育种目标，在测定林 A 中按选择指数方程①（偏重材积）和选择指数方程④（偏重木材基本密度）的指数值进行选择；在测定林 B 中按选择指数方程⑤（偏重材积和心材率）和选择指数方程⑦（偏重木材基本密度）的指数值进行选择。选择出的无性系的指数值、材积、心材比率和木材基本密度见表 1-32。

表 1-32　入选杉木无性系指数、材积、心材比率及木材基本密度的性状平均值

测定林	选择指数方程①（偏重材积）					选择指数方程④（偏重木材基本密度）				
	无性系	指数值	材积（cm³）	心材比率（%）	木材基本密度（g/cm³）	无性系	指数值	材积（cm³）	心材比率（%）	木材基本密度（g/cm³）
A	21	5.63	0.29	0.49	0.36	21	17.21	0.29	0.49	0.36
	24	5.23	0.29	0.47	0.32	35	16.55	0.24	0.46	0.36
	35	5.20	0.25	0.46	0.36	28	15.72	0.21	0.45	0.35
	17	5.13	0.30	0.52	0.31	6	15.56	0.18	0.54	0.35
	群体平均	3.95	0.18	0.48	0.32	群体平均	14.44	0.18	0.48	0.32
	入选平均	5.30	0.28	0.48	0.34	入选平均	16.26	0.23	0.49	0.35
	现实增益（%）	—	58.17	1.10	4.68	现实增益（%）	—	30.80	1.41	9.68

测定林	选择指数方程⑤（偏重材积、心材率）					选择指数方程⑦（偏重木材基本密度）				
	无性系	指数值	材积（cm³）	心材比率（%）	木材基本密度（g/cm³）	无性系	指数值	材积（cm³）	心材比率（%）	木材基本密度（g/cm³）
B	92	8.09	0.24	0.46	0.29	53	9.26	0.11	0.47	0.36
	73	8.09	0.18	0.51	0.32	73	9.19	0.18	0.51	0.32
	77	8.00	0.18	0.52	0.31	80	9.15	0.16	0.36	0.33
	64	7.95	0.22	0.49	0.28	89	9.12	0.13	0.45	0.34
	52	7.91	0.20	0.53	0.29	92	9.12	0.24	0.46	0.29
	53	7.79	0.11	0.47	0.36	75	9.08	0.11	0.38	0.35
	13	7.76	0.15	0.58	0.30	90	9.02	0.12	0.41	0.34
	46	7.71	0.15	0.49	0.32	76	9.01	0.13	0.42	0.34
	89	7.71	0.13	0.45	0.34	41	9.01	0.15	0.41	0.33
	38	7.66	0.12	0.55	0.33	77	8.99	0.18	0.52	0.31
	群体平均	7.05	0.12	0.45	0.31	群体平均	8.18	0.12	0.45	0.31
	入选平均	7.87	0.17	0.51	0.32	入选平均	9.10	0.15	0.44	0.33
	现实增益（%）	—	42.77	12.93	2.81	现实增益（%）	—	29.50	−1.94	7.85

二、杉木不同母株无性系针叶营养元素含量比较

植物自身营养元素含量尤其是叶片营养元素含量水平反映了植物对营养元素吸收和利用的能力。以小坑林场杉木采穗圃中 20 个萌条能力强的母株无性系（包括 6 个组培速生无性系母株 T-c01、T-c04、T-c07、T-c08、T-c22、T-cF1）、小坑林场第二代改良种子园 7 个子代超级苗转化成的母株无性系（cXK01、cXK02、cXK07、cXK12、cXK13、cXK14、cXK16）及从江西省信丰县林木良种场引进的 7 个第二代改良种子园子代超级苗转化成的母株无性系（cXF01、cXF03、cXF05、cXF06、cXF13、cXF14、cXF18）等为对象，采集各母株无性系中上部成熟针叶作为样品（每个母株无性系随机采样 3 株，共计 60 个样），测定其针叶营养元素氮（N）、磷（P）、钾（K）、钙（Ca）、镁（Mg）等的含量发现（表 1-33），各营养元素含量在无性系间差异极显著（$P<0.01$），变异系数均在 10.80% 以上。其中 Ca 含量变幅最大，最大和最小值比值为 2.10，变异系数达 25.97%。所测营养元素中，N 含量最高，平均为 15.70g/kg，其次是 K、Ca，随后为 P，最低是 Mg 含量，平均为 1.10g/kg。值得注意的是，K、Ca 含量高低视不同无性系而异，如无性系 cXK01 的 K 含量高于 Ca 含量，但无性系 cXK02 情况则相反。

表 1-33　杉木不同母株无性系针叶营养元素含量变异情况　g/kg

母株无性系	N 含量	P 含量	K 含量	Ca 含量	Mg 含量
cXK01	15.10 ± 3.25bcde	1.43 ± 0.20ijh	11.47 ± 0.18abc	5.03 ± 0.10e	0.94 ± 0.03ghij
cXK02	13.49 ± 0.22e	1.46 ± 0.00ghij	6.44 ± 0.11k	9.08 ± 0.79ab	1.01 ± 0.02fgh
cXK07	15.61 ± 1.87bcde	1.49 ± 0.13fghi	6.99 ± 0.37jk	5.39 ± 0.03e	0.82 ± 0.02ij
cXK12	19.41 ± 0.22a	1.66 ± 0.04cdefgh	11.43 ± 0.29abc	10.54 ± 0.14a	1.27 ± 0.02abcd
cXK13	16.28 ± 0.97bcde	1.83 ± 0.02bcde	12.10 ± 0.41ab	5.88 ± 0.27de	0.95 ± 0.06ghij
cXK14	17.22 ± 1.49abcd	1.89 ± 0.12bcd	10.15 ± 0.13cde	5.93 ± 0.03de	0.79 ± 0.03j
cXK16	13.50 ± 0.10e	1.21 ± 0.01j	10.16 ± 0.03cde	7.32 ± 0.17cd	1.00 ± 0.06fghi
cXF01	17.38 ± 1.01abc	2.00 ± 0.09ab	10.14 ± 0.31cde	5.28 ± 0.03e	1.15 ± 0.02cdef
cXF03	19.09 ± 0.51a	2.24 ± 0.01a	12.78 ± 1.02a	5.17 ± 0.94e	1.09 ± 0.05efg
cXF05	16.16 ± 0.49bcde	1.63 ± 0.01defghi	7.90 ± 0.19ghijk	6.08 ± 0.32de	1.36 ± 0.04ab
cXF06	17.63 ± 1.00ab	1.72 ± 0.03cdefg	7.67 ± 0.02ghijk	8.56 ± 0.46bc	1.33 ± 0.07abc
cXF13	14.72 ± 0.90cde	1.66 ± 0.04cdefgh	9.00 ± 0.10defgh	10.29 ± 0.07a	1.16 ± 0.00cdef
cXF14	13.98 ± 0.25e	1.70 ± 0.01cdefgh	10.63 ± 0.07bcd	6.31 ± 0.29de	1.45 ± 0.05a
cXF18	14.46 ± 1.01de	1.45 ± 0.01ghij	7.76 ± 0.45ghijk	4.94 ± 0.23e	0.98 ± 0.04fghi
T-c01	14.78 ± 0.68cde	1.37 ± 0.06ij	7.51 ± 0.24hijk	4.98 ± 0.89e	0.88 ± 0.14hij

续表

母株无性系	N 含量	P 含量	K 含量	Ca 含量	Mg 含量
T-c04	15.12 ± 0.53bcde	1.90 ± 0.21bcd	8.33 ± 0.36fghij	7.17 ± 2.15cd	1.15 ± 0.19cdef
T-c07	15.34 ± 2.10bcde	1.77 ± 0.24bcdef	8.87 ± 0.95efghi	8.42 ± 0.79bc	1.32 ± 0.06abc
T-c08	14.88 ± 0.75bcde	1.91 ± 0.12bc	9.74 ± 1.30def	5.33 ± 0.16e	1.04 ± 0.08efgh
T-c22	14.14 ± 0.80e	1.57 ± 0.16efghi	9.20 ± 1.45defg	7.16 ± 0.17cd	1.23 ± 0.06bcde
T-cF1	15.78 ± 1.32bcde	1.56 ± 0.11efghi	7.21 ± 1.24ijk	7.49 ± 0.82bcd	1.10 ± 0.08defg
平均值	15.70	1.67	9.27	6.82	1.10
标准差	1.70	0.24	1.82	1.77	0.19
变幅	13.49～19.41	1.21～2.24	6.44～12.78	5.03～10.54	0.79～1.45
变异系数（%）	10.80	14.56	19.57	25.97	16.86
F 值	4.08**	8.44**	12.39**	11.26**	10.80**

注：数字后所标不同字母表示在 0.05 水平上差异显著；** 表示在 0.01 水平上显著差异。

对 20 个无性系作 Duncan 多重比较还发现，针叶 N 含量以无性系 cXK12 和 cXF03 最高，显著高于其他无性系（除 cXK14、cXF01、cXF06 外），而无性系 cXF03 在针叶 P、K 含量上也同时显著高于其他无性系（除 P 含量与 cXF01 无显著差别外；除 K 含量与 cXK01、cXK12、cXK13 无显著差别外）；另外，无性系 cXK12 和 cXF13 针叶 Ca 含量明显高于其他无性系（除 cXK02 外），cXF14 在针叶 Mg 含量与 cXK12、cXF05、cXF06、T-c07 无显著差异，但明显高于其他无性系（表 1-33）。此外，各营养元素含量比例（两两比例）在杉木母株无性系间也存在一定程度的变异幅度。其中，K/Ca 比值变幅最大，最大值是最小值的 3.49 倍，而 N/P 比值变异程度最小，最大值仅为最小值的 1.50 倍，平均为 9.49（表 1-34）。

表 1-34　杉木针叶营养元素含量比例

特征值	N/P	N/K	N/Ca	N/Mg	P/K
变幅	7.79～11.69	1.32～2.30	1.43～3.69	9.65～21.77	0.12～0.23
平均值	9.49	1.74	2.44	14.64	0.18
特征值	P/Ca	P/Mg	K/Ca	K/Mg	Ca/Mg
变幅	0.16～0.43	1.17～2.39	0.71～2.47	5.78～12.83	4.35～8.98
平均值	0.26	1.55	1.45	8.64	6.24

对无性系针叶各营养元素含量之间的相关系数进行估算发现，N、P、K 含量为紧密正相关，且均达显著或极显著水平。另外，针叶 Ca、Mg 含量间也呈极显著正相关关系。针叶 Ca 含量虽与 P、K 含量表现为负相关，但均未达显著性水平（表 1-35）。

表 1-35　杉木针叶营养元素含量间相关系数

营养元素（含量）	N	P	K	Ca	Mg
N	1.0000				
P	0.5881**	1.0000			
K	0.3481*	0.4331**	1.0000		
Ca	0.0552	−0.0809	−0.1514	1.0000	
Mg	0.1032	0.2399	0.0559	0.4991**	1.0000

采用主成分分析法综合评价母株无性系营养元素的吸收情况，如表 1-36 所示，5 个主成分中，前 3 个主成分 PC1、PC2、PC3 分别解释总变异的 48.14%、34.28% 及 16.94%，三者累积贡献率达 99.36%。另外，由表 1-37 可知，第 1 主成分（PC1）主要由 N、K 含量决定，载荷分别为 0.6106、0.7623，且均为正相关；第 2 主成分（PC2）中 Ca 含量载荷 0.9346，为主要的载荷因子；而第 3 主成分（PC3）中，N、K 含量仍然起决定作用，载荷分别为 0.7058、0.6456，与 PC1 不同，N 含量此时为负相关。

表 1-36　杉木针叶营养元素含量主成分特征值、贡献率及累积贡献率

主成分	特征值	贡献率（%）	累积贡献率（%）
PC1	4.5230	48.14	48.14
PC2	3.2212	34.28	82.42
PC3	1.5917	16.94	99.36
PC4	0.0394	00.42	99.78
PC5	0.0206	00.22	100.00

表 1-37　杉木针叶营养元素含量主成分分析因子载荷

营养因素	PC1	PC2	PC3
N	0.6106	0.3507	0.7058
P	0.0731	0.0101	0.0410
K	0.7623	0.0344	0.6456
Ca	0.2019	0.9346	0.2882
Mg	0.0006	0.0468	0.0171

将杉木各母株无性系 PC1、PC2、PC3 主成分值分别乘以其贡献率（48.14%、34.28% 及 16.94%），随后计算其平均值，可获得不同无性系的综合得分，进而对不同无性系针叶营养元素的吸收情况作出比较。根据综合得分排序可知，针叶营养元素吸收情

况最好的是无性系 cXK12，其次是 cXF03、cXK13、cXK14、cXF13、cXF01、cXK01、cXF06、T-c07、cXF14 等 9 个无性系，均在 10 名以内（总数 50% 以内）。而 T-c01、cXF18、cXK07 针叶营养元素吸收情况则较差，为倒数 3 名（表 1-38）。

表 1-38　杉木各母株无性系主成分值及其针叶营养元素吸收情况比较

母株	PC1	PC2	PC3	综合得分	排序
cXK01	1.6486	−1.9678	1.3358	0.3453	7
cXK02	−3.9842	1.4294	0.3919	−1.3616	17
cXK07	−1.5235	−1.3035	−1.8172	−1.4881	18
cXK12	3.1543	4.7127	−0.1483	3.1089	1
cXK13	2.7069	−0.7767	1.1383	1.2297	3
cXK14	1.7886	−0.3402	−0.7748	0.6132	4
cXK16	−0.8053	−0.3429	2.2893	−0.1174	11
cXF01	2.0181	−0.8733	−1.0799	0.4892	6
cXF03	5.1144	−0.4675	−0.6251	2.1959	2
cXF05	−0.6227	−0.4703	−1.4156	−0.7008	15
cXF06	−0.3946	2.3705	−1.8913	0.3023	8
cXF13	−1.5113	2.9127	1.5195	0.5283	5
cXF14	0.0860	−1.1087	1.9505	−0.0082	10
cXF18	−1.5507	−2.1467	−0.6337	−1.5897	19
T-c01	−1.5599	−1.9940	−1.0078	−1.6052	20
T-c04	−1.1304	0.1619	−0.1045	−0.5064	14
T-c07	−0.8462	1.3954	0.4573	0.1485	9
T-c08	0.1700	−1.6955	0.4427	−0.4244	13
T-c22	−1.0876	−0.2206	1.1609	−0.4025	12
T-cF1	−1.6707	0.7251	−1.1881	−0.7570	16

三、杉木优良无性系耐旱性测评

以 6 个杉木优良无性系（T-c01、T-c04、T-c07、T-c08、T-c22、T-cF1）组培移栽苗（苗龄 1 年）为试材，采用 PEG6000 溶液培养法模拟干旱胁迫，对不同无性系耐旱相关生理生化指标进行测定分析并运用隶属函数法对参试无性系耐旱性作出综合评价，以期为耐旱无性系的选用提供参考。测定结果表明，6 个杉木无性系在干旱胁迫条件下叶片各生理生化指标均发生变化，但变化程度各异。T-c01、T-c04、T-c08、T-c22、T-cF1 等 5 个无性系 RWC 值明显下降（$P<0.05$ 或 $P<0.01$），而 T-c07、T-c08、T-c22

在丙二醛（MDA）含量上增幅显著（$P<0.01$），此时 T-c04、T-c22 和 T-cF1 脯氨酸（PRO）含量也显著提高（$P<0.05$ 或 $P<0.01$）。在 SOD 活性方面，仅 T-c22 出现较明显的变化（$P<0.01$）；与对照相比，无性系 T-c04、T-c07、T-c08、T-c22、T-cF1 叶片 POD 活性大幅提高（$P<0.05$ 或 $P<0.01$），其中以 T-c22 变化最为显著，POD 活性是对照的 3.0 倍；另外，不同无性系在干旱胁迫下调控 CAT 活性方式上有所差异，如无性系 T-c01、T-c04、T-c08 和 T-c22 CAT 活性因干旱胁迫呈上调模式（$P<0.05$ 或 $P<0.01$），而无性系 T-c07 和 T-cF1 的 CAT 活性则表现为下调。事实上，参试的 6 个无性系在干旱胁迫下其生理生化指标综合调控模式也存在差异，如 T-c01 的 RWC 值、MDA 含量、PRO 含量、SOD 活性、POD 活性、CAT 活性分别表现为“下调—上调—上调—上调—下调—上调”模式，而 T-c08 则表现为“下调—上调—上调—下调—上调—上调”模式。值得一提的是，各无性系在非干旱条件下（对照）其生理生化指标同样存在差异，表明参试的 6 个无性系自身的预抗性方面也有所不同（表 1-39）。

表 1-39　PEG6000 模拟干旱条件不同杉木无性系生理生化指标变化

无性系	RWC 值（%）		MDA 含量（nmol/g）		PRO 含量（μg/g）	
	对照	处理	对照	处理	对照	处理
T-c01	74.3 ± 10.1a	57.5 ± 7.2*	5.7 ± 2.9ab	8.9 ± 0.2	157.0 ± 16.3b	158.0 ± 32.6
T-c04	62.6 ± 7.3ab	49.6 ± 6.1*	6.4 ± 0.7ab	5.0 ± 2.4	148.2 ± 6.9b	177.2 ± 20.0*
T-c07	58.7 ± 6.2b	58.0 ± 5.5	1.0 ± 0c	7.7 ± 0.4**	207.9 ± 14.0a	298.6 ± 54.0
T-c08	70.8 ± 6.6ab	59.5 ± 5.3*	7.3 ± 0.4a	12.2 ± 0.5**	248.8 ± 53.6a	269.2 ± 36.1
T-c22	63.4 ± 5.3ab	50.8 ± 4.2*	5.1 ± 0.6ab	11.2 ± 0.5**	126.3 ± 5.9b	260.3 ± 8.8**
T-cF1	69.6 ± 6.5ab	50.5 ± 5.1**	4.2 ± 0.8b	6.2 ± 1.1	119.6 ± 20.0b	165.1 ± 17.1*

无性系	SOD 活性（U/g）		POD 活性（U/g）		CAT 活性（U/g）	
	对照	处理	对照	处理	对照	处理
T-c01	102.0 ± 28.6ab	103.1 ± 36.7	18902.5 ± 9885.8a	11733.8 ± 655.7	162.1 ± 23.4e	676.7 ± 129.1*
T-c04	74.2 ± 14.1ab	60.8 ± 21.0	3114.7 ± 464.1b	5849.1 ± 864.8**	586.6 ± 33.2cd	960.1 ± 34.8**
T-c07	110.0 ± 34.7a	99.9 ± 23.3	7727.4 ± 782.5b	10081.3 ± 1350.3*	1134.2 ± 8.7a	469.1 ± 78.0**
T-c08	93.3 ± 19.2ab	86.9 ± 20.2	6134.4 ± 1645.2b	11555.5 ± 2111.2*	550.5 ± 21.0d	635.0 ± 24.8*
T-c22	67.1 ± 14.0ab	102.6 ± 4.6**	4826.7 ± 963.2b	14622.7 ± 1109.6**	677.8 ± 66.8bc	746.4 ± 91.1**
T-cF1	59.1 ± 12.8b	79.2 ± 14.2	5444.9 ± 811.2b	10521.2 ± 2269.7*	745.8 ± 46.0b	544.5 ± 110.5

注：RWC、MDA、PRO、SOD、POD、CAT 分别表示叶片相对含水量、丙二醛、脯氨酸、超氧化物歧化酶、过氧化物酶、过氧化氢酶。数值后的字母不同，表示不同无性系对照样品其对应的指标在 0.05 水平上差异显著；* 表示与对照样品差异显著（$P<0.05$）、** 表示与对照样品差异极显著（$P<0.01$）。

采用隶属函数法对参试无性系耐旱性进行综合评价。各无性系 RWC 值、MDA 含量、PRO 含量、SOD 活性、POD 活性和 CAT 活性隶属函数值详见表 1-40，求取各无性系各指标隶属函数值均值发现，无性系 T-c01 耐旱性最强，而 T-c08 较差，6 个无性系耐旱性排序为 T-c01 > T-c22 > T-cF1 > T-c07 > T-c04 > T-c08。

表 1-40 杉木无性系各指标隶属函数值及耐旱性综合评价

无性系	各指标隶属函数值						隶属函数值均值	耐旱性排序
	RWC 值	MDA 含量	PRO 含量	SOD 活性	POD 活性	CAT 活性		
T-c01	0.7980	0.4583	1.0000	1.0000	0.6707	0.4228	0.7250	1
T-c04	0.0000	1.0000	0.8634	0.0000	0.0000	1.0000	0.4772	5
T-c07	0.8485	0.6250	0.0000	0.9243	0.4824	0.0000	0.4800	4
T-c08	1.0000	0.0000	0.2091	0.6170	0.6504	0.3379	0.4691	6
T-c22	0.1212	0.1389	0.2724	0.9882	1.0000	0.5648	0.5142	2
T-cF1	0.0909	0.8333	0.9495	0.4350	0.5325	0.1536	0.4991	3

注：RWC、MDA、PRO、SOD、POD、CAT 分别表示叶片相对含水量、丙二醛、脯氨酸、超氧化物歧化酶、过氧化物酶、过氧化氢酶。

第五节 优异资源引进与选择

为加快育种步伐，广东省杉木遗传改良协作组（广东省林业科学研究院牵头）不断强化育种资源的收集保存工作。2015—2016 年依托全国杉木遗传改良合作技术平台引进了福建、湖南、广西、江西等省份最新选育品系及其特色育种资源，并建立了引种试验 / 保存林，以期在区域测定基础上对引进资源的适应性与速生性作出评价，进而筛选出适于广东杉木多世代遗传改良利用的候选资源。期间，对营建的“闽湘杉木第三代家系引种试验林”“江西陈山红心杉引种保存林”各系号 1.5 年生植株生长表现及“桂赣杉木家系引种保存林”各系号 2.5 年生植株生长表现分别进行测定分析发现，引种的各类杉木家系早期生长存在较大的变异，具有较大选择空间，数据结果见表 1-41、表 1-42。

表 1-41　杉木引种家系生长变异

引种组	家系数量（个）	性状	均值	变幅	F	家系内表型变异系数变幅（%）	遗传变异系数（%）	家系遗传力	单株遗传力
闽湘杉木第三代家系（1.5 年生）	23	树高（m）	2.1 ± 0.2	1.7~2.6	2.0396**	17.2~34.3	8.3	0.5097 ± 0.1498	0.1431 ± 0.0804
江西陈山红心杉家系（1.5 年生）	33	树高（m）	1.5 ± 0.2	1.2~1.9	2.0395**	17.0~38.7	14.5	0.5389 ± 0.1263	0.3203 ± 0.1436
桂赣杉木家系（2.5 年生）	29	树高（m）	3.0 ± 0.3	2.4~3.7	3.8404**	17.6~35.7	15.6	0.7396 ± 0.0756	0.4194 ± 0.1355
		胸径（m）	3.5 ± 0.5	2.6~4.4	4.1253**	25.8~48.4	18.0	0.7576 ± 0.0703	0.4425 ± 0.1385

表 1-42　杉木优良种质初选及增益

来源	初选优良家系	初选优良单株数量	优良单株性状均值	* 现实增益（%）
福建	FJ13、FJ17、FJ23、FJ26、FJ29、FJ39、FJ44、FJ48、FJ52、FJ54、FJ60	55	3.1 ± 0.2m（树高）	31.8~81.8（树高）
湖南	HNSD1~HNSD10	—	—	—
江西	陈山红心杉 2 号、3 号、4 号、6 号、10 号、12 号、17 号、18 号、20 号、22 号、32 号	67	2.3 ± 0.3m（树高）	0~90.0（树高）
广西	GXM1、GXM2、GXM3、GXM4、GXM6、GXM7、GXM8、GXM9、GXM12、GXM15、GXM18	23	4.8 ± 0.4m（树高）	10.3~48.7（树高）
			6.0 ± 0.6cm（胸径）	16.3~62.8（胸径）

注：* 相对于广东第二代改良种子园子代。

一、闽湘杉木第三代家系早期生长表现

闽湘杉木第三代家系引种试验林引种家系 1.5 年生平均树高 2.1m，家系间早期生长（树高）速度差异极显著（$P<0.01$），高生长变幅为 1.7~2.6m，家系内表型变异系数不一，变化区间为 17.2%~34.3%。测定结果表明，除 FJ16、FJ22 外，引进的 FJ13、FJ17、FJ23、FJ26、FJ29、FJ39、FJ44、FJ48、FJ52、FJ54、FJ60、HNSD1、HNSD2、HNSD3、HNSD4、HNSD5、HNSD6、HNSD7、HNSD8、HNSD9、HNSD10 等 21 个（占比 91.3%）第三代家系均表现出较强的适应性与速生性，其中来自福建的第三代家系 FJ13 生长最快、表型变异系数最小（17.2%），1.5 年生时 FJ13 家系平均树高可达 2.6m，显著高于广东第二代改良种子园子代对照（$P<0.05$），高生长增益达 18.2%；其他 20 个引种家系与广东第二代改良种子园子代对照早期生长表现无显著差异，但 FJ29、FJ39、FJ60、HNSD6、HNSD10 等 5 个家系早期生长略优于广东第二代改良种子园子代（现实增益均≥4.5%）。进一步分析还发现，家系早期高生长（1.5 年生）遗传变异系数为 8.3%，家系遗传力较高（0.5097），而单株遗传力为 0.1431，采用优良家系优良单株选择策略对闽湘杉木第三代家系进行种质选择可行，但须适当提高入选率，确保选择的有效性。以上述 21 个第三代家系为选择对象，生长表现（树高）高于广东第二代改良种子园子代（2.2m）、增益≥30% 为标准进行选择，初步选获优良单株 55 株，这些优良单株均来源于福建三代，其中 FJ13 家系 10 株、FJ17 家系 4 株、FJ23 家系 5 株、FJ26 家系 5 株、FJ29 家系 9 株、FJ39 家系 5 株、FJ44 家系 4 株、FJ48 家系 3 株、FJ52 家系 2 株、FJ60 家系 8 株，初选优良单株平均树高 3.1m，现实增益达 31.8%~81.8%。

二、江西陈山红心杉家系早期生长表现

江西陈山红心杉引种保存林引种家系 1.5 年生平均树高 1.5m，家系树高变幅为 1.2~1.9m，家系内树高表型变异系数变幅为 17.0%~38.7%。方差分析结果显示，家系间树高差异达极显著水平（$P<0.01$），树高遗传变异系数达 14.5%，家系遗传力、单株遗传力均较高，分别为 0.5389、0.3203。引进的红心杉家系仅红心杉 2 号、3 号、4 号、6 号、10 号、12 号、17 号、18 号、20 号、22 号、32 号等 11 个家系表现较优，与广东第二代改良种子园子代生长无显著性差异（$P>0.05$），但仍略差于广东第二代改良种子园子代。就家系内表型变异而言，除红心杉 6 号、17 号、20 号外，其他表型变异系数均高于广东第二代改良种子园子代，变异较大。引进江西陈山红心杉目标为红心杉的基因资源，

在速生性选择基础上应顾及遗传多样性。为此，以红心杉2号、3号、4号、6号、10号、12号、17号、18号、20号、22号及32号这11个家系（占比33.3%）为对象，采用优良家系优良单株选择策略，以生长表现不低于广东第二代改良种子园子代生长均值为标准进行优良单株初选。结果显示，共有67个单株入选，入选单株平均树高2.3m，其中红心杉2号7株、红心杉3号3株、红心杉4号5株、红心杉6号6株、红心杉10号7株、红心杉12号3株、红心杉17号7株、红心杉18号7株、红心杉20号5株、红心杉22号11株、红心杉32号6株，入选单株现实增益为0~90.0%。

三、桂赣杉木家系早期生长表现

桂赣杉木家系引种保存林引种家系2.5年生树高、胸径均值分别为3.0m、3.5cm，不同家系间树高、胸径表现差异均达极显著水平（$P<0.01$），家系间树高、胸径变幅分别为2.4~3.7m、2.6~4.4cm；树高、胸径遗传变异系数均较高，分别为15.6%、18.0%。不同家系内单株生长变异各异，树高变异区间（17.6%~35.7%）与闽湘杉木第三代家系组内、江西陈山红心杉家系组内类似，而胸径变异（25.8%~48.4%）明显高于树高变异；来自江西的JX2家系单株胸径变异较大，表型变异系数达48.4%。对家系遗传力及单株遗传力进行估算发现，桂赣杉木引种家系树高、胸径家系遗传力均处较高水平（均大于0.7300），而单株遗传力均大于0.4100。这表明，对桂赣杉木引种家系进行家系选择或单株选择可行且有效。以广东第二代改良种子园子代表现为对照，对桂赣杉木引种家系进行初选发现，来自广西的11个家系（GXM1、GXM2、GXM3、GXM4、GXM6、GXM7、GXM8、GXM9、GXM12、GXM15、GXM18）2.5年生树高、胸径生长与对照相当但略低（$P>0.05$），而引进的16个江西杉木家系生长表现均显著低于广东第二代改良种子园子代（$P<0.05$）。为选获优良家系优良单株，以上述初选的11个广西杉木家系为对象，采用树高、胸径增益≥10%为标准进行选择，共有23个单株入选，树高、胸径均值分别可达4.8m、6.0cm，增益则分别达10.3%~48.7%、16.3%~62.8%。

Chapter 2

第二章

杉木优异种质遗传基础解析

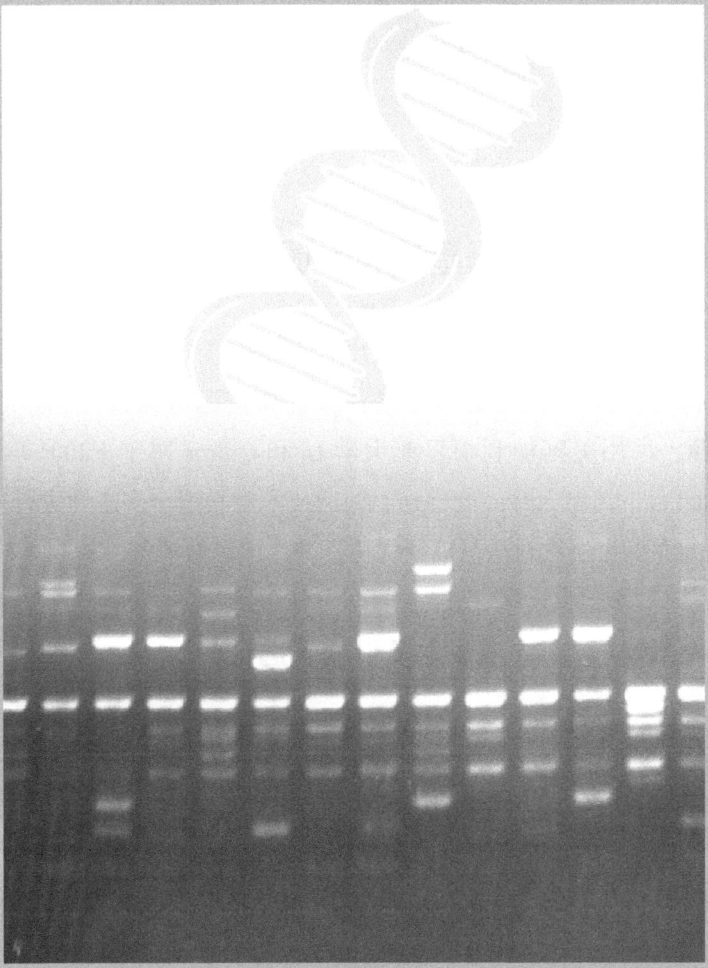

随着分子生物学的迅猛发展，多种分子生物学研究技术尤其是分子标记技术得到广泛应用，为从基因组层次深入研究杉木遗传资源的多态性和相关性提供了便捷、有效的手段，也为从基因组视角更为精准地对常规种质信息包括种源（地理来源）、家系、谱系及表型信息进行补充与拓展提供了可能。将分子标记技术与传统育种技术进行结合，林木育种事业势必焕发出新的生命力（张志毅 等，2006）。特别是运用与功能基因组位点紧密相关的分子标记技术构建不同杉木类型指纹图谱，研究其分子遗传多态性和特征位点遗传变异模式，发掘与重要特征性状紧密关联的基因位点信息，最终从功能基因组角度解析杉木优异种质的遗传基础，可为我国杉木重要类型优良基因资源的开发与利用及新品系创制提供科学依据。

第一节　广东红心杉（乐昌油杉）遗传多样性与遗传结构分析

第一章已对扩选的广东红心杉即乐昌油杉优树资源情况进行了介绍，为挖掘利用这些优树资源，采用美国加利福尼亚大学 Li 和 Quiros 博士（2001）提出的 SRAP（sequence—related amplified polymorphism）标记技术对其遗传多态性进行检测，以期从表型水平与分子水平两个层次对乐昌油杉优树资源作出综合评价。

一、基因组 SRAP-PCR 体系建立及引物筛选

以杉木基因库中 cx707、cx718、cx763、cx779 亲本无性系基因组 DNA 为试样，对影响 SRAP-PCR 扩增反应的 DNA 用量和反应组分进行测试分析，最终建立适于乐昌油杉 SRAP-PCR 扩增的反应体系，即 25μL 反应体系中应包括 0.5μL 基因组 DNA（约 50ng）溶液、0.5μL 上游引物（10μmol/L）、0.5μL 下游引物（10μmol/L）、12.5μL 2 × Taq Plus PCRmasterMix（TIANGEN，Beijing，P. R. China）及 11μL 双蒸水。扩增程序为：94℃ 预变性 5min，94℃ 变性 1min，35℃ 退火 1min，72℃ 延伸 1min，5 个循环；94℃ 变性 1min，50℃ 退火 1min，72℃ 延伸 1min，35 个循环；72℃ 延伸 10min；4℃ 保温。基于上述反应体系，采用 22 条上游引物和 27 条下游引物共计 594 个 SRAP 引物组

表 2-1 SRAP-PCR 扩增所用的上游与下游引物

上游引物（5'→3'）		下游引物（5'→3'）	
Me1	TGA GTC CAA ACC GG ATA	Em1	GAC TGC GTA CGA ATT AAT
Me2	TGA GTC CAA ACC GG AGC	Em2	GAC TGC GTA CGA ATT TGC
Me3	TGA GTC CAA ACC GG AAT	Em3	GAC TGC GTA CGA ATT GAC
Me4	TGA GTC CAA ACC GG ACC	Em4	GAC TGC GTA CGA ATT TGA
Me5	TGA GTC CAA ACC GG AAG	Em5	GAC TGC GTA CGA ATT AAC
Me6	TGA GTC CAA ACC GG TAA	Em6	GAC TGC GTA CGA ATT GCA
Me7	TGA GTC CAA ACC GG TCC	Em7	GAC TGC GTA CGA ATT GAG
Me8	TGA GTC CAA ACC GG TGC	Em8	GAC TGC GTA CGA ATT GCC
Me9	TGA GTC CAA ACC GG ACA	Em9	GAC TGC GTA CGA ATT TCA
Me10	TGA GTC CAA ACC GG ACG	Em10	GAC TGC GTA CGA ATT CAA
Me11	TGA GTC CAA ACC GG ACT	Em11	GAC TGC GTA CGA ATT GCA
Me12	TGA GTC CAA ACC GG AGG	Em12	GAC TGC GTA CGA ATT CAT
Me13	TGA GTC CAA ACC GG AAA	Em13	GAC TGC GTA CGA ATT CTA
Me14	TGA GTC CAA ACC GG AAC	Em14	GAC TGC GTA CGA ATT CTC
Me15	TGA GTC CAA ACC GG AGA	Em15	GAC TGC GTA CGA ATT CTT
Me16	TGA GTC CAA ACC GG ATA	Em16	GAC TGC GTA CGA ATT GAT
Me17	TGA GTC CAA ACC GG TAG	Em17	GAC TGC GTA CGA ATT ATG
Me18	TGA GTC CAA ACC GG CAT	Em18	GAC TGC GTA CGA ATT AGC
Me19	TGA GTC CAA ACC GG TTG	Em19	GAC TGC GTA CGA ATT ACG
Me20	TGA GTC CAA ACC GG TGT	Em20	GAC TGC GTA CGA ATT TAG
Me21	TGA GTC CAA ACC GG TCA	Em21	GAC TGC GTA CGA ATT TCG
Me22	TGA GTC CAA ACC GG GCA	Em22	GAC TGC GTA CGA ATT GTC
		Em23	GAC TGC GTA CGA ATT GGT
		Em24	GAC TGC GTA CGA ATT CAG
		Em25	GAC TGC GTA CGA ATT CTG
		Em26	GAC TGC GTA CGA ATT CGG
		Em27	GAC TGC GTA CGA ATT CCA

合对试样基因组 DNA 进行扩增发现，各个引物组合所扩增出的谱带模式及扩增效率各异（表 2-1）。总体而言，各引物组合产生的扩增谱带可分为 4 种类型，以 Me1-Em19、Me3-Em6、Me13-Em23、Me8-Em11 引物组合扩增谱带为代表，前 3 种谱带类型属可检测型（图 2-1）。进一步分析发现，不同上游引物或下游引物在扩增能力方面事实上存在差异，说明杉木基因组对不同 SRAP 上游引物或下游引物核酸序列具有偏好性。引物 Me1、Me4、Em5 对杉木 SRAP 分析尤为有效（图 2-2）。此外，其他引物如 Me11、

Me9、Me17、Me1、Me10、Em19、Em1、Em26、Em21、Em17 等对杉木基因组 SRAP 分析方面也非常有效。这些上游和下游引物是杉木最佳 SRAP 引物组合的重要构成。

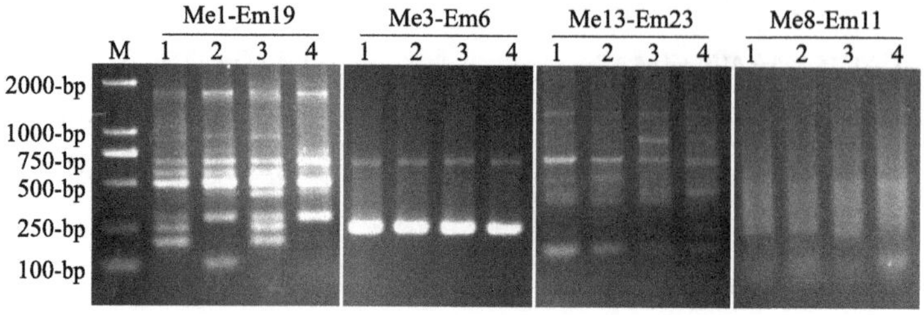

图 2-1 不同 SRAP 引物组合扩增谱带类型

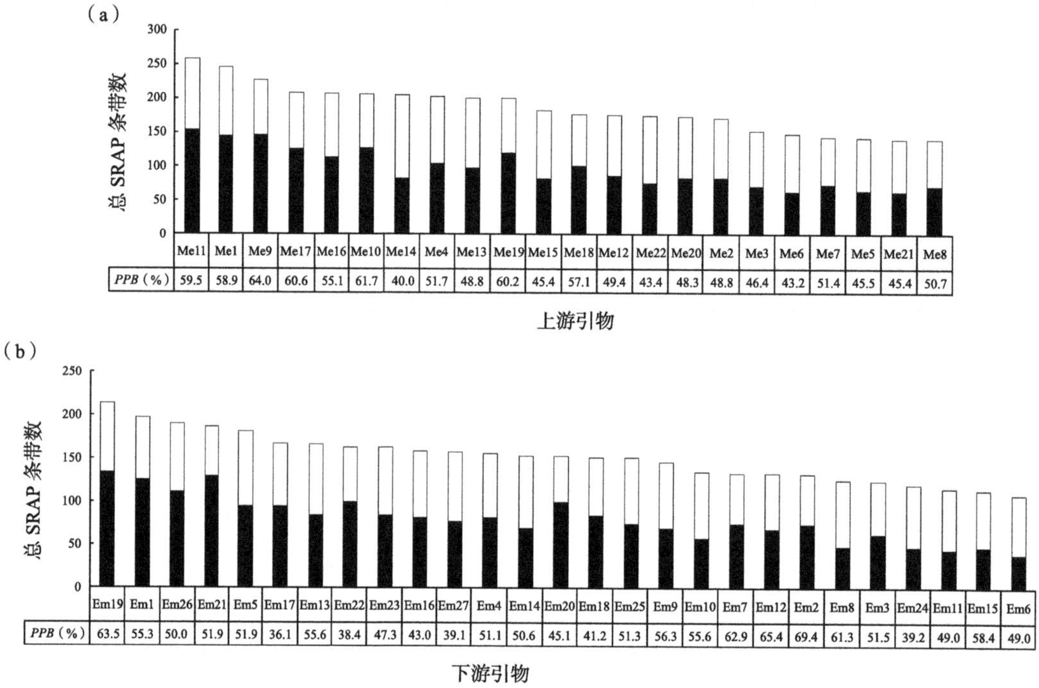

图 2-2 用于杉木基因组 SRAP 测试的不同引物扩增效率

注：*PPB* 为多态性条带比例。

参试的 594 个引物组合中共有 35 对引物组合扩增效果理想，不仅稳定，而且能够扩增出可清晰辨认、多态性条带较丰富的谱带，可视为杉木 SRAP 分析最有用的引物组合（表 2-2）。利用这 35 个引物组合可从参试的杉木基因型中扩增出 379 个条带，其中 265 个为多态性条带，这些引物组合可产生 7~14 个条带，而多态性条带比例可从 33.3% 跨越到 100.0%。总体而言，平均每个引物组合可产生 10.8 个条带、7.6 个多态性条带。值得注意的是，35 个最佳引物组合中多数包含了上述所提到的一系列重要的上游引物和下游引物（如 Me1、Me10、Me11、Em1、Em19）。

表 2-2　适于杉木基因组 SRAP-PCR 检测的引物组合及其参数

引物组合	*TNB*	*NPB*	*PPB*（%）
Me1-Em1	16	13	81.3
Me1-Em19	11	7	63.6
Me1-Em20	13	12	92.3
Me2-Em26	9	4	44.4
Me3-Em17	7	5	71.4
Me4-Em5	12	7	58.3
Me4-Em21	12	7	58.3
Me9-Em14	8	5	62.5
Me10-Em20	12	10	83.3
Me10-Em21	11	10	90.9
Me10-Em26	10	9	90.0
Me11-Em5	10	10	100.0
Me11-Em13	17	12	70.6
Me11-Em20	10	7	70.0
Me11-Em21	9	5	55.6
Me12-Em1	13	8	61.5
Me12-Em19	15	14	93.3
Me13-Em5	7	4	57.1
Me13-Em18	9	3	33.3
Me15-Em1	12	6	50.0
Me15-Em26	14	8	57.1
Me16-Em1	11	8	72.7
Me16-Em19	11	5	45.5
Me17-Em19	8	7	87.5
Me17-Em21	10	8	80.0
Me18-Em19	9	5	55.6
Me19-Em1	13	9	69.2
Me19-Em18	11	7	63.6
Me19-Em19	13	9	69.2
Me19-Em22	10	8	80.0
Me20-Em1	11	9	81.8
Me20-Em17	9	5	55.6
Me20-Em19	10	7	70.0
Me20-Em26	9	7	77.8
Me21-Em19	7	5	71.4
总计	379	265	69.9

注：*TNB* 为总条带数；*NPB* 为多态性条带数；*PPB* 为多态性条带比例。

二、乐昌油杉遗传多样性和遗传结构分析

利用已建立的SRAP分子标记体系对嫁接保存的103份乐昌油杉遗传资源及其对照试样（来源于湖南、江西、福建、贵州和广西的17份试样）分子多态性进行检测。结果表明，样品扩展条带清晰、稳定，每个引物组合产生12~24个扩增带，35个引物组合共产生620个谱带，平均每个引物组合产生17.7个；每个引物组合产生10~23个多态性条带，35个引物组合共产生577个，平均每个引物组合产生16.5个多态性条带，每个引物组合产生的多态性条带的比例（*PPB*）达76.5%~100%，平均为92.9%；此外，每个引物组合获得的多态性信息容量（*PIC*）、标记指数（*MI*）、分辨力（*RP*）分别为0.2771~0.3709（平均为0.3433）、3.6190~7.8591（平均为5.6364）、2.32~8.75（平均为5.25）。利用这些引物组合能够将上述120份样本，尤其是其中103份乐昌油杉遗传资源一一辨清。但这些引物组合的鉴别能力（number of genotypes identified，*NG*）均有所不同，其中40%的引物组合能够辨清70%以上的样本（总数为120个）。值得关注的是，Me12-Em19能够与其他任何引物组合（除Me1-Em20、Me9-Em14、Me13-Em5、Me15-Em1、Me19-Em19外）进行搭配，进而将所有样本（120个或103个）一一辨别（表2-3）。

表2-3　乐昌油杉遗传资源SRAP检测参数

引物组合	*TNB*	*NPB*	*PPB*（%）	*PIC*	*MI*	*RP*	*NG*
Me1-Em1	16	16	100.0	0.2937	4.6992	4.88	71
Me1-Em19	22	22	100.0	0.3237	7.1214	6.68	92
Me1-Em20	16	15	93.8	0.3122	4.6830	2.32	19
Me2-Em26	17	15	88.2	0.3681	5.5215	3.18	35
Me3-Em17	19	18	94.7	0.3331	5.9958	3.27	52
Me4-Em5	17	14	82.4	0.3709	5.1926	4.77	59
Me4-Em21	16	14	87.5	0.3547	4.9658	5.55	69
Me9-Em14	15	13	86.7	0.3649	4.7437	3.82	30
Me10-Em20	21	21	100.0	0.3151	6.6171	6.08	97
Me10-Em21	17	17	100.0	0.3532	6.0044	5.48	61
Me10-Em26	20	18	90.0	0.3174	5.7132	7.20	87
Me11-Em5	23	22	95.7	0.3421	7.5262	7.42	106
Me11-Em13	14	14	100.0	0.3707	5.1898	5.62	84
Me11-Em20	19	17	89.5	0.3516	5.9772	6.65	86

续表

引物组合	*TNB*	*NPB*	*PPB*（%）	*PIC*	*MI*	*RP*	*NG*
Me11-Em21	17	13	76.5	0.3595	4.6735	4.42	61
Me12-Em1	23	19	82.6	0.3567	6.7773	5.03	87
Me12-Em19	24	23	95.8	0.3282	7.5486	7.00	112
Me13-Em5	14	11	78.6	0.3514	3.8654	3.15	31
Me13-Em18	23	23	100.0	0.3417	7.8591	5.20	86
Me15-Em1	16	16	100.0	0.3364	5.3824	3.97	27
Me15-Em26	15	15	100.0	0.3669	5.5035	6.77	66
Me16-Em1	13	13	100.0	0.3147	4.0911	2.73	30
Me16-Em19	16	15	93.8	0.3684	5.5260	5.97	64
Me17-Em19	13	13	100.0	0.3626	4.7138	5.75	56
Me17-Em21	16	15	93.8	0.3444	5.1660	8.08	105
Me18-Em19	21	19	90.5	0.3455	6.5645	6.17	97
Me19-Em1	16	14	87.5	0.3470	4.8580	3.53	37
Me19-Em18	19	19	100.0	0.3322	6.3118	5.05	68
Me19-Em19	16	14	87.5	0.3411	4.7754	5.23	69
Me19-Em22	12	10	83.3	0.3619	3.6190	4.08	37
Me20-Em1	16	15	93.8	0.3485	5.2275	5.05	59
Me20-Em17	17	16	94.1	0.3639	5.8224	4.30	51
Me20-Em19	22	21	95.5	0.3545	7.4445	8.75	104
Me20-Em26	22	21	95.5	0.3409	7.1589	6.03	91
Me21-Em19	17	16	94.1	0.2771	4.4336	4.65	65
总计	620	577	—	—	—	—	—
平均	17.7	16.5	92.9	0.3433	5.6364	5.25	—
标准差	3.3	3.4	6.8	0.2223	1.1122	1.53	—

注：*TNB* 为总条带数；*NPB* 为多态性条带数；*PPB* 为多态性条带比例；*PIC* 为多态信息含量；*MI* 为标记指数；*RP* 为分辨力；*NG* 为基因型辨别力（辨别的基因型数量）。

对乐昌油杉遗传资源 SRAP 分子多态性进行方差分析（AMOVA）发现，该遗传资源变异程度相对较高（$P < 0.01$），94% 的遗传变异来源于地理群体内部，而仅有 6% 的变异来自群体间（$P < 0.05$）（表 2-4）。遗传多样性参数估算结果也表明，参试的乐昌油杉遗传资源多样性达中等水平以上，*PPB*、*PIC*、Nei's 基因多样性参数（h）和香农信息指数（I）分别为 92.83%、0.1805、0.1911 及 0.3080（表 2-5）。值得注意的是，乐昌油杉不同地理群体中，TPL01 群体遗传多样性水平最高，*PPB*、*PIC*、h 及 I 分别可达 78.34%、0.1716、0.1842 和 0.2927，LML01 群体次之，而 XLL01 群体遗传多样性水平相对较低。

表 2-4　SRAP 标记分子方差分析（AMOVA）

变异来源	自由度（*df*）	离均差平方和（*SS*）	均方差（*MS*）	变异组分（*Est. Var.*）	占总变异的比例（%）	*F*	*P*
乐昌油杉不同群体间	6	735.060	122.510	4.291	6	0.063	0.010
乐昌油杉群体内	96	6093.387	63.473	63.473	94	0.063	0.010
乐昌油杉种质间	102	13656.893	133.891	66.946	100	1.000	0.001

表 2-5　乐昌油杉遗传多样性参数估算

群体	*PPB*（%）	*PIC*	*h*	*I*
HDL01（LH01~LH11）	60.26	0.1549	0.1682	0.2618
HDL02（LH12~LH25）	59.77	0.1468	0.1608	0.2516
HDL03（LH26~LH34）	53.58	0.1478	0.1518	0.2370
TPL01（LT01~LT30）	78.34	0.1716	0.1842	0.2927
LML01（LM01~LM27）	76.87	0.1706	0.1766	0.2831
LFL01（LF01~LF09）	62.12	0.1477	0.1521	0.2364
XLL01（LX01~LX04）	29.32	0.0960	0.0981	0.1497
群体	92.83	0.1805	0.1911	0.3080
平均	60.04	0.1479	0.1560	0.2446

注：*PPB* 为多态性条带比例；*PIC* 为多态信息含量；*h* 为 Nei's 基因多样性参数；*I* 为香农信息指数。

基于 SRAP 数据，采用 NTSYSpc v2.10e 软件构建包括乐昌油杉及其对照试样在内的 120 份遗传资源的 UPGMA 聚类图（图 2-3）。试样间遗传相关系数（Jaccard's coefficients）变幅为 0.46~0.81；整体而言，供试材料可分为三大类，包括 A 类（Cluster A）、B 类（Cluster B）及复合类（Multicluster）。A 类聚合了乐昌油杉遗传资源中 87.4% 的样品，表明乐昌油杉遗传资源具有一定程度的地理特异性。A 类试样还可划分成 5 个亚类（I~V），亚类 II 覆盖的样品最多（62 个），而当中 96.8% 的试样属于乐昌油杉。B 类包含了非乐昌来源（湖南、江西、福建、贵州和广西）材料中 76.5% 的样品。研究还发现，参试的 103 份乐昌油杉遗传资源遗传相似性属中等水平（0.40~0.81），多数资源（76.6%）相似性介于 0.50~0.59，LH06 和 LH10 间相似性最高（0.81），LM18 与其他资源间遗传距离最远。项目研究所获得的遗传相关关系为从分子水平上判别其亲缘关系提供了依据。

为从 DNA 水平上研究乐昌油杉遗传资源的群体结构，研究组进一步采用 STRUCTURE v 2.3.1. 软件对乐昌油杉 SRAP 标记信息进行处理分析，发现收集的乐昌油杉遗传资源群体 *K*=2，表明该资源可分为两大遗传群体。群体 I（Group I）由 51 个成员组成，包括原地理群体 HDL01、HDL02、HDL03 中的所有成员及 TPL01 中的 14 份资源（LT01~LT06、LT08~LT11、LT13、LT14、LT16、LT26）和 LML01 中的 3 个成员（LM14、

LM15、LM22),群体中 88.2% 的成员共祖值(ancestry value)皆在 0.60 以上;群体 II(Group II) 由其余的 52 个成员组成，共祖值同样在 0.60 以上 (图 2-4)。

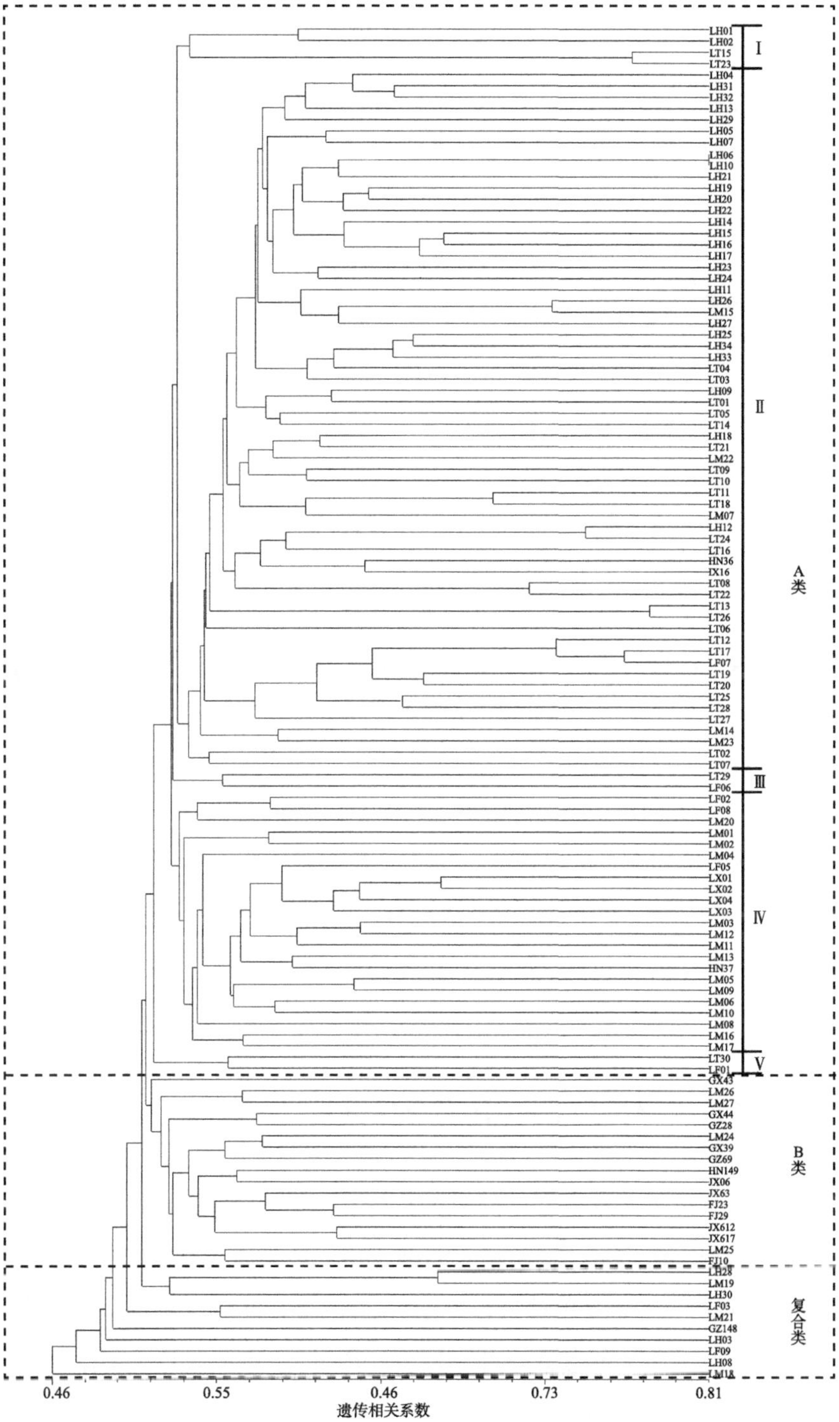

图 2-3　乐昌油杉遗传资源及其对照试样的 UPGMA 聚类分析

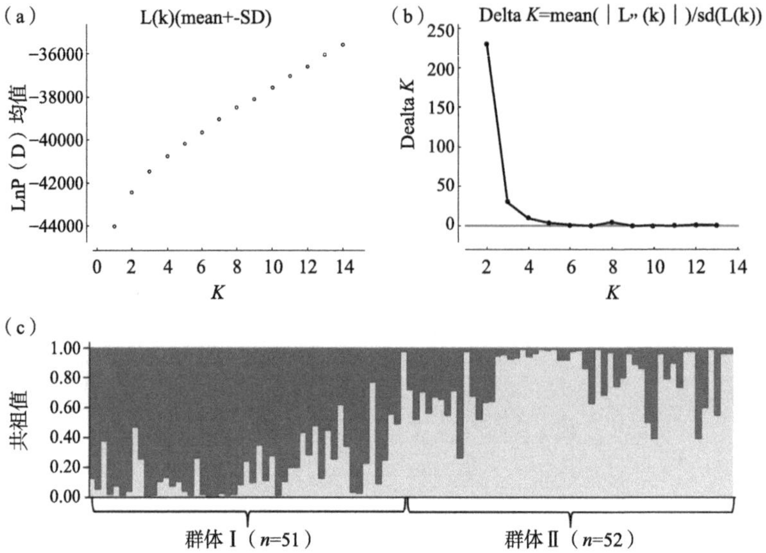

图 2-4　乐昌油杉群体遗传结构 STRUCTURE 分析

第二节　速生型等杉木特异类型 SRAP 遗传多样性分析及指纹图谱构建

以速生型、速生优质型、红心材型、纸浆材型、窄冠型、薄皮型、银枝观赏型、速生多果型等杉木特异类型资源为对象，应用 SRAP 标记对其遗传多态性和遗传距离进行测定、分析，进而构建 Neighbor-joining 聚类树，以期从分子尺度上解析速生型等杉木特异类型资源的遗传基础及其遗传变异模式，并为育种资源鉴别及新品系创制提供分子依据。

一、速生型等杉木特异类型 SRAP 多态性分析

应用前期建立的杉木 SRAP 分子标记体系涵盖的 35 对 SRAP 引物组合对速生型、速生优质型、红心材型、纸浆材型、窄冠型、薄皮型、银枝观赏型、速生多果型等 8 种杉木特异类型共计 96 个无性系 / 单株进行基因组 DNA SRAP-PCR 扩增，共检测到 557 个清晰、稳定的谱带，其中多态性条带 551 条，*PPB* 达 98.9%。每对引物组合可扩增出 1121 条条带，平均 15.9 条，其中多态性条带 1121 条，平均 15.7 条，多态性条带比例介于 92.3%~100.0%（表 2-6）。不同引物组合揭示的群体多样性参数，包括

PIC、*h* 及 *I* 情况虽有所不同，但 *PIC* 总体介于 0.1999~0.3120（平均 0.2432），*h* 介于 0.2440~0.3966 范围（平均 0.3000），*I* 则在 0.3823~0.5790 区间，平均 0.4575。另外，基于 SRAP 信息，可检测到平均等位基因数（N_a）、平均有效等位基因数（N_e）分别为 0.349、1.000。由综合 *PPB*（整体 98.9%）、*PIC*（平均 0.2432）、*h*（平均 0.3000）和 *I*（平均 0.4575）可知，参试的 96 份杉木优异资源遗传多态性处于中等水平。

表 2-6　96 个杉木优异无性系 / 单株各 SRAP 引物扩增分析结果

引物组合	*TNB*	*NPB*	*PPB*（%）	*PIC*	*h*	*I*
Me1-Em1	18	18	100.0	0.1999	0.2440	0.3823
Me1-Em19	18	18	100.0	0.2353	0.2887	0.4466
Me1-Em20	11	11	100.0	0.2464	0.2990	0.4648
Me2-Em26	13	13	100.0	0.2060	0.2470	0.3909
Me3-Em17	16	15	93.8	0.2603	0.3274	0.4869
Me4-Em5	16	16	100.0	0.2433	0.3035	0.4583
Me4-Em21	17	17	100.0	0.2434	0.3030	0.4597
Me9-Em14	17	16	94.1	0.2063	0.2554	0.3898
Me10-Em20	15	15	100.0	0.2224	0.2704	0.4229
Me10-Em21	16	16	100.0	0.2067	0.2512	0.3956
Me10-Em26	19	19	100.0	0.2692	0.3310	0.5039
Me11-Em5	14	14	100.0	0.2810	0.3459	0.5240
Me11-Em13	16	16	100.0	0.3120	0.3966	0.5790
Me11-Em20	16	16	100.0	0.2456	0.3013	0.4632
Me11-Em21	13	13	100.0	0.2244	0.2789	0.4252
Me12-Em1	14	13	92.9	0.2910	0.3692	0.5404
Me12-Em19	17	17	100.0	0.3040	0.3793	0.5638
Me13-Em5	13	12	92.3	0.2092	0.2531	0.3948
Me13-Em18	15	15	100.0	0.2768	0.3446	0.5173
Me15-Em1	13	13	100.0	0.2100	0.2553	0.4030
Me15-Em26	15	14	93.3	0.2498	0.3073	0.4681
Me16-Em1	17	17	100.0	0.2224	0.2689	0.4224
Me16-Em19	17	17	100.0	0.2622	0.3354	0.4921
Me17-Em19	17	16	94.1	0.2276	0.2861	0.4307
Me17-Em21	21	21	100.0	0.2113	0.2613	0.4021
Me18-Em19	19	19	100.0	0.2245	0.2769	0.4254
Me19-Em1	16	16	100.0	0.2318	0.2792	0.4376
Me19-Em18	15	15	100.0	0.2206	0.2655	0.4192

续表

引物组合	*TNB*	*NPB*	*PPB* (%)	*PIC*	*h*	*I*
Me19-Em19	18	18	100.0	0.2569	0.3220	0.4829
Me19-Em22	12	12	100.0	0.2606	0.3255	0.4891
Me20-Em1	19	19	100.0	0.2705	0.3375	0.5065
Me20-Em17	14	14	100.0	0.2392	0.2934	0.4530
Me20-Em19	20	20	100.0	0.2945	0.3693	0.5485
Me20-Em26	15	15	100.0	0.2051	0.2499	0.3910
Me21-Em19	15	15	100.0	0.2268	0.2752	0.4324
总计	557	551	98.9	—	—	—
平均	15.9	15.7	98.9	0.2432	0.3000	0.4575
标准差	2.3	2.4	2.5	0.0307	0.0416	0.0538

注：*TNB* 为总条带数；*NPB* 为多态性条带数；*PPB* 为多态性条带比例；*PIC* 为多态信息含量；*h* 为 Nei’s 基因多样性参数；*I* 为香农信息指数。

二、速生型等杉木特异类型无性系 / 单株间遗传距离

基于各无性系基因组 DNA SRAP-PCR 多态信息，运用 GenAlEx 6.501 软件计算不同无性系 / 单株间 Nei’s 遗传距离发现,96 个无性系 / 单株两两遗传距离变幅为 0.071（cx14 和 cx40）0.548（cx41 和 cx50），其中 55.0% 的两两遗传距离集中在 0.301~0.400，另有 27.6% 的两两遗传距离为 0.401~0.500。杉木不同类型内不同无性系 / 单株间遗传距离变幅及均值均有所差异，速生型、速生优质型、红心材型、纸浆材型、窄冠型、薄皮型、银枝观赏型、速生多果型等杉木类型各涵盖的优良无性系 / 单株遗传距离变幅分别为 0.071~0.425（平均 0.236）、0.234~0.467（平均 0.377）、0.191~0.453（平均 0.345）、0.172~0.445（平均 0.307）、0.183~0.423（平均 0.307）、0.161~0.539（平均 0.363）、

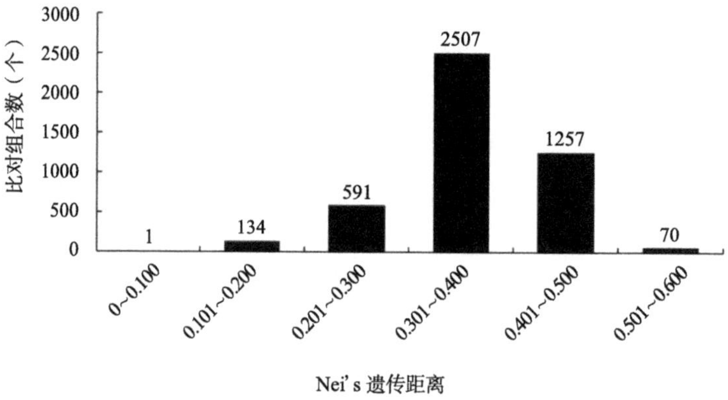

图 2-5　96 个杉木无性系 / 单株 Nei’s 遗传距离区间数量分布

0.359~0.436（平均 0.395）、0.200~0.494（平均 0.384），其中薄皮型无性系遗传距离变幅最大（达 0.378），其次为速生型无性系（达 0.354）；银枝观赏型无性系具有较宽遗传基础，无性系间遗传距离均在 0.359 以上；速生型无性系平均遗传距离相对较小，表明长期人工选择已对速生型杉木遗传基础产生影响，但类型内部分无性系间仍存在较大遗传差异性，进行组内再选配杂交仍然可行（图 2-5）。

三、速生型等杉木特异类型 Neighbor-joining 聚类分析

基于 Nei's 遗传距离矩阵，利用 MEGA7.0 构建速生型、速生优质型、红心材型、纸浆材型、窄冠型、薄皮型、银枝观赏型、速生多果型等 8 种杉木特异类型共计 96 个无性系 / 单株 Neighbor-joining 聚类树，直观显示不同类型及不同优异资源间遗传距离与遗传相关性。如图 2-6 所示，参试的 96 个无性系 / 单株可聚成 6 组（Ⅰ~Ⅵ），多数速生型杉木无性系（93.8%）可聚成Ⅰ组，83.3% 的窄冠型杉木无性系聚集于Ⅱ组，其他类型杉木无性系 / 单株虽在类型上具有较高的相似性，但其遗传分组不一。一些类型无性系与其他类型无性系 / 单株具有较高的遗传相似性，而与同类型其他无性系 / 单株遗传距离则较远。尤其是，多种类型无性系 / 单株在遗传上可聚为一组，如Ⅵ组中包含了速生优质型、薄皮型、银枝观赏型、速生多果型等 4 种类型的杉木无性系。这表明，速生优质型、红心材型、纸浆材型、薄皮型、银枝观赏型、速生多果型等杉木类型内均存在更大的遗传差异，利于组内杂种优势的利用。值得注意的是，一些无性系集聚了多个优良性状，可隶属不同杉木类型，如 cx27 既为速生型无性系，又为速生优质型、纸浆材型、薄皮型无性系，但与速生优质型、纸浆材型、薄皮型等类型其他成员间存在明显的遗传差异，其遗传利用更具多面性、育种潜力更大。

四、速生型等杉木特异类型无性系 / 单株 DNA-SRAP 数字指纹图谱构建

根据多态性条带比例≥90%、无性系辨别力≥75、差异条带大小和亮度易辨且在不同无性系内分布均匀、所用引物组合类型多样等原则，从现有 35 对引物组合中选取 3 对引物组合（Me1-Em1+Me4-Em21+Me15-Em26）构建无性系指纹图谱。经数字化后，形成了无性系 DNA-SRAP 身份证号码，详见表 2-7。因 3 对引物组合多态性条带总数为 49，根据概率公式 $1/2^n$ 可知，在 2^{49}= 562949953421312 种样本中才有可能存在 2 个无性系电泳谱带完全相同，指纹图谱置信概率为 99.9999999999998%。因此，利用该指纹图谱能够准确地检测出其中任何一个无性系。

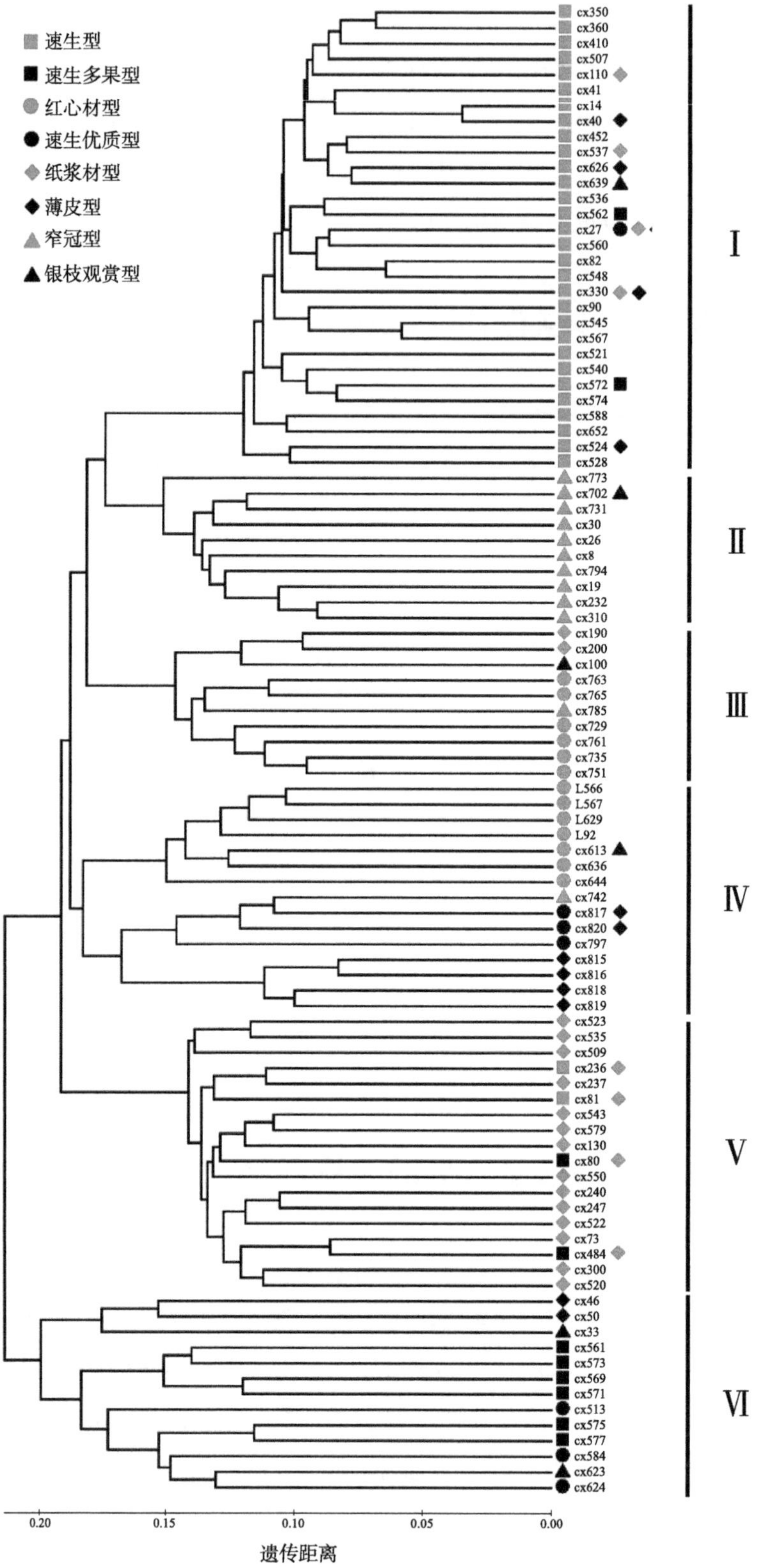

图 2-6　96 个杉木无性系 / 单株 Neighbor-joining 聚类分析

表 2-7 不同杉木无性系 / 单株 DNA-SRAP 数字指纹图谱

无性系 / 单株	数字指纹图谱（Me1-Em1+Me4-Em21+Me15-Em26）
cx8	0000101010001000000—10101000011000000—101110000000000
cx14	0000011000011000000—10000000101100110—100100101110000
cx19	0000100110001000000—00001000101100100—100100101101000
cx26	1101101000011000000—00101000100100100—100111100110000
cx27	0000011010011000000—01100010011100000—100100101100000
cx30	1000101010001000000—00000010101100100—100111100100000
cx33	0000101110001000000—10110001010100000—101110100110000
cx40	0000011000011000100—10100010101100110—100100101100000
cx41	0000100000001000001—11101000101100010—100100101100000
cx46	0000101010001000000—11000000001100000—100110101110010
cx50	0000101010011100000—00100100001100100—100100101111010
cx73	1000101010001100000—01100010101101000—010100000110100
cx80	1000101010001001000—01100000001101010—100100000100010
cx81	1000101000011000001—10100010101101010—000100000110000
cx82	1100101010011000001—11101000001101010—010101100100000
cx90	1000101000011000000—01100000111110010—100100100100000
cx100	1000001010001001100—01100000101100110—101100100101011
cx110	1000101010011000000—00100000101101110—100100001100000
cx130	0000001010001000000—10100000001101010—001100000110010
cx190	1000011100011100100—00100000001101110—000100000110010
cx200	1000011000010100001—10100000111101110—101100100110010
cx232	0000101010001000000—00100000111100100—100100010100000
cx236	0000101100001000000—11100010001101110—000100010100010
cx237	0000101010001100000—11101000001101110—000100000100010
cx240	1000101010001000001—00100010001101110—111110000110100
cx247	1100101010001001000—10100000001101110—111110000100100
cx300	0000101010001100000—11100010011101110—100100100100000
cx310	0000101010011000000—00101010101101100—100100101100000
cx330	1000101010011100000—00100000101100001—100101100100000
cx350	0000101010001000000—00000000101100110—100100010101000
cx360	0000101000001000000—00100000011100010—100101100100000
cx410	0000101010011100000—00100000101110010—110100101100000
cx452	0000011010001000000—00100000101100010—100100101100000

续表

无性系 / 单株	数字指纹图谱（Me1-Em1+Me4-Em21+Me15-Em26）
cx484	0000101010001100001—1110011011110000—000110000110100
cx507	0000101000001100000—0110001000110011—0100100101111000
cx509	0000101100001000001—0110001001110001—0101100000100100
cx513	1000011010001010001—0110000010111011—0100101101111000
cx520	1100101010011001000—0110001011110001—0100110000100100
cx521	1100101000011000001—0100001001110011—0100100101110000
cx522	1000101010001000000—0110001000110001—0100110000100010
cx523	1000101010001000001—0110000011111001—1010110000000011
cx524	1000101010001001000—1010100010110011—0100111000110000
cx528	1000101010001100000—0010100000111010—0100100110100000
cx535	0000101100001000000—0110001000111111—0000110000100010
cx536	1000101010001000101—1010000010110001—0101111101100000
cx537	1000101010001101000—0010000010110000—0100100011110000
cx540	1000101000001000001—1010000011110011—0001101101100000
cx543	0000101100001001001—0100000001110101—0000100000100010
cx545	1000101010001000000—0110000000111001—0101100100100000
cx548	1000101010001000001—1010001000111001—0100100101100000
cx550	0000101010001001000—0110000010110101—0000100000100011
cx560	0000100010011000001—0110000010110001—0100100101100000
cx561	1000010000001000001—1010000001010111—0100111110100000
cx562	1000101010001100100—0100000010111001—0101100100100000
cx567	0000101010001000100—0110000000111001—0100100101100000
cx569	1000111010001010001—1110000011111011—1101110100110010
cx571	1000111010001010001—0100000010110111—0101100100110000
cx572	1000101010001000000—0110000010110011—0000100010100000
cx573	0000011010000100001—1010000011111111—0101100100110000
cx574	0000011010001000001—0010000000110001—10000100010110000
cx575	0000011010011000000—0010100110110111—0100100100110010
cx577	1000011010011000000—1010000010110111—0110110100100000
cx579	0000101000001101000—0010001001110001—0111100010010010
cx584	0000010000001000001—0100011001110011—0101100100010010
cx588	1000001010001100001—0000001000011011—0100100100100000
cx613	1100011010001000000—1110000011110111—0101100010000010

续表

无性系 / 单株	数字指纹图谱（Me1-Em1+Me4-Em21+Me15-Em26）
cx623	0000011110101101100—101010001011011110—100100101100011
cx626	1000101010011000000—10001000011100010—100100100110000
cx636	1000110010001000001—10100100111100001—111100100011010
cx639	0000101000001000100—00001000101100000—100100101101000
cx642	1000011010001001000—00101000000100110—100100111100000
cx644	1100011000001000100—11100000111101110—100101100010010
cx652	0000101010001000000—10000000000100010—100100001100000
cx702	1010111010001100000—00100000101110100—110111110100000
cx729	1000011010001100100—00100000010101111—100100100110010
cx731	1100101010010100000—00100000001100100—001110100000010
cx735	1000011010010000001—00000000000110110—010100100111000
cx742	1000101010001001000—10101000101101110—110100011110010
cx751	0000011010011000001—00110000000001110—010101100100010
cx761	0000111000001000001—00000000101100111—001100000100010
cx763	1100110010001000100—00101000101101110—010111100110010
cx765	1000011010011000000—00101001001101110—010100100101010
cx773	1100011100011000000—00000000100101110—010101011100010
cx785	1100111010001000100—00101000011100100—010100001111001
cx794	1000101010001001000—10101010101100100—000100100000000
cx797	1000010010111100001—10101000001101010—101101010111000
cx815	0000011010011000100—10000000011101110—000110000000000
cx816	1000011000001100000—10000000101101010—000110000000000
cx817	1000101001001100000—10001000111100010—100100011100010
cx818	1000011000101000000—10000010111100010—001100000000000
cx819	1000001010001000100—10000000110101110—000100000101000
cx820	1000100000001000001—10100000001101110—101100011100000
L92	0000011010001100001—10101000101101101—101110010110010
L566	0000011100001000000—10100000001111110—101101100110000
L567	1000011000001010100—10100000111111110—101111100110010
L629	0000011010011000000—11100000011101100—101110100100000

第三节　耐旱无性系遗传相关及 SRAP 种质鉴别

选取 16 对 SRAP 引物组合对供试的 T-c01、T-c04、T-c07、T-c08、T-c22、T-cF1 等 6 个杉木无性系基因组 DNA 进行 PCR 扩增，共检测到 131 个清晰、稳定的谱带，其中多态性条带 88 条，多态性条带比例达 66.8%（表 2-8）。每对引物组合可扩增出 513 条条带，平均 8.2 条;其中多态性条带 211 条，平均 5.5 条，多态性条带比例介于 22.2%（引物组合 Me4-Em5）至 87.5%（引物组合 Me4-Em21）。不同引物组合对无性系的辨别力也有所差异，如利用引物组合 Me11-Em5、Me11-Em13 进行 PCR 扩增，均可将无性系一一辨清，但采用引物组合 Me4-Em5 则只能分辨出三类种质（① T-c01、T-c08、T-cF1；② T-c04 和 T-c07；③ T-c22）。

表 2-8　6 个杉木无性系 SRAP-PCR 概况

引物组合	*TNB*	*NPB*	*PPB*（%）	*NG*
Me1-Em1	9	7	77.8	5
Me1-Em19	9	7	77.8	4
Me1-Em20	7	4	57.1	5
Me4-Em5	9	2	22.2	3
Me4-Em21	8	7	87.5	5
Me9-Em14	7	4	57.1	5
Me11-Em5	10	8	80.0	6
Me11-Em13	13	11	84.6	6
Me11-Em20	9	6	66.7	5
Me11-Em21	9	5	55.6	4
Me12-Em19	8	6	75.0	4
Me15-Em1	6	3	50.0	4
Me15-Em26	6	4	66.7	5
Me16-Em1	5	4	80.0	4
Me16-Em19	9	4	44.4	5
Me19-Em19	7	6	85.7	5
总计	131	88		
平均	8.2	5.5	66.8	
标准差	1.9	2.2	18.0	

注：*TNB* 为总条带数；*NPB* 为多态性条带数；*PPB* 为多态性条带比例；*NG* 为无性系辨别力。

基于各无性系基因组 DNA SRAP-PCR 多态性信息，运用 NTSYSpc v2.10e 软件计算不同无性系间遗传相似系数发现，6 个无性系遗传相似性（DICE 系数）介于 0.6909（无性系 T-c07 和 T-c22）至 0.9133（无性系 T-c04 和 T-c07），但无性系相似性多数（60.0%）在 0.7000~0.8000 范围内（表 2-9）。

表 2-9　不同杉木无性系遗传相似性系数（DICE 系数）

无性系	T-c01	T-c04	T-c07	T-c08	T-c22	T-cF1
T-c01	1.0000					
T-c04	0.8588	1.0000				
T-c07	0.8166	0.9133	1.0000			
T-c08	0.7333	0.6957	0.6995	1.0000		
T-c22	0.7407	0.7229	0.6909	0.7500	1.0000	
T-cF1	0.7362	0.7425	0.7229	0.7571	0.7421	1.0000

根据多态性条带比例≥75%、无性系辨别力≥5、差异条带大小和亮度易辨且在不同无性系内分布均匀、所用引物组合类型多样等原则，从现有 16 对引物组合中选取 3 对引物组合（Me1-Em1+Me4-Em21+Me11-Em5）构建无性系指纹图谱，经数字化后，形成了无性系 DNA-SRAP 身份证号码，见表 2-10。因 3 对引物组合多态性条带总数为 22，根据概率公式 $1/2^n$ 可知，在 2^{22}=4194304 种无性系中才有可能存在 2 个无性系电泳谱带完全相同，指纹图谱置信概率为 99.99998%。因此，利用该指纹图谱能够准确地检测出其中任何一个无性系。

表 2-10　不同杉木无性系 DNA-SRAP 数字指纹图谱（DNA-SRAP 身份证号码）

无性系	数字指纹图谱（引物组合：Me1-Em1+Me4-Em21+Me11-Em5）
T-c01	011111001–11011101–1111011001
T-c04	011011001–10001101–1011011101
T-c07	011011001–10001101–1011011001
T-c08	111100111 11001111–1101001110
T-c22	001001001–01101001–1001101001
T-cF1	011010111–00001110–1111000000

第四节 高效营养型无性系遗传相关及 SRAP 种质鉴别

选用与上述第三节相同的 16 对 SRAP 引物组合对高效营养型无性系 cXK12、cXK13、cXF03、T-c08 基因组 DNA 进行 PCR 扩增，共检测到 152 个清晰、稳定的谱带，其中多态性条带 111 条，多态性条带比例达 73.0%（表 2-11）。每对引物组合可扩增出 614 条条带，平均 9.5 条；其中多态性条带 313 条，平均 6.9 条，多态性条带比例介于 42.9%（引物组合 Me1-Em1）至 92.9%（引物组合 Me11-Em13）。

表 2-11 4 个高效营养型杉木无性系 SRAP-PCR 概况

引物组合	*TNB*	*NPB*	*PPB*（%）
Me1-Em1	7	3	42.9
Me1-Em19	10	6	60.0
Me1-Em20	8	6	75.0
Me4-Em5	10	6	60.0
Me4-Em21	9	8	88.9
Me9-Em14	10	7	70.0
Me11-Em5	9	6	66.7
Me11-Em13	14	13	92.9
Me11-Em20	10	8	80.0
Me11-Em21	11	8	72.7
Me12-Em19	11	10	90.9
Me15-Em1	6	4	66.7
Me15-Em26	9	6	66.7
Me16-Em1	6	4	66.7
Me16-Em19	12	8	66.7
Me19-Em19	10	8	80.0
总计	152	111	—
平均	9.5	6.9	73.0
标准差	33.6	24.6	12.9

注：*TNB* 为总条带数；*NPB* 为多态性条带数；*PPB* 为多态性条带比例。

基于各无性系基因组 DNA SRAP-PCR 多态性信息，运用 NTSYSpc v2.10e 软件计算高效营养型无性系间遗传相似系数，详见表 2-12。无性系 cXF03 与 T-c08 间遗传相似性相对较低（DICE 系数为 0.5464），而与 cXK12 间遗传相似性相对较高，DICE 系数达 0.7791。

表 2-12　不同高效营养型杉木无性系遗传相似性系数（DICE 系数）

无性系	cXK12	cXK13	cXF03	T-c08
cXK12	1.0000			
cXK13	0.7303	1.0000		
cXF03	0.7791	0.7253	1.0000	
T-c08	0.6145	0.5926	0.5464	1.0000

应用 Me1-Em1+Me4-Em21+Me11-Em5 等 3 对引物组合构建高效营养型无性系 SRAP 指纹图谱，经数字化后，形成了无性系 DNA-SRAP 身份证号码，见表 2-13。3 对引物组合扩增获得的多态性条带总数达 17 个，生成的指纹图谱置信概率为 99.9992371%，即在 131072 种无性系中才有可能存在 2 个无性系电泳谱带完全相同。因此，利用该指纹图谱能够准确检测出其中任何一个无性系。

表 2-13　不同杉木高效营养型无性系 DNA-SRAP 数字指纹图谱（DNA-SRAP 身份证号码）

无性系	数字指纹图谱（引物组合：Me1-Em1+Me4-Em21+Me11-Em5）
cXK12	0111100–011100010–100111011
cXK13	0111100–011101010–100111011
cXF03	0111100–011111010–001111011
T-c08	1111111–110011101–110101110

第五节　生长材质性状 SRAP 遗传关联分析

以成熟期与幼龄期杉木群体为试材，分别对其生长材质性状进行测定、分析，同时运用 SRAP 技术对不同无性系进行基因分型。在此基础上，采用一般线性模型（GLM）和混合线性模型（MLM）关联获得与杉木生长材质性状紧密关联的 SRAP 位点，捕获特异位点序列信息，并揭示速生型、速生优质型、纸浆材型特异 SRAP 位点遗传分布模式，进而解析速生型等杉木特征性状的遗传基础。

一、杉木无性系成熟期生长材质性状的 SRAP 遗传关联分析

成熟期杉木群体以龙山林场杉木基因库 24 年生亲本无性系群体为代表（共 50 个无性系），性状变异模式详见本书第一章的第二节。运用 SRAP 技术对这些无性系进行基因分型发现，35 对 SRAP 引物组合均可从样品中扩增出清晰、稳定、多态性较丰富且易于检测的SRAP谱带。经SRAP-PCR扩增，共从50个杉木无性系群体中检测到498个SRAP条带，其中 445 个条带为多态性条带，多态性条带比例达 89.4%（表 2-14）。每对引物组合可扩增的条带数量不等，最少为 9 条（Me1-Em20 和 Me19-Em22），最多为 18 条（Me11-Em5、Me16-Em19 和 Me20-Em19），各引物组合平均扩增条带 14.2 条，其平均多态性条带 12.7 条。各引物组合多态性条带比例从 69.2%（Me19-Em1）增至 100.0%（Me1-Em1、Me1-Em20、Me4-Em5、Me12-Em19 和 Me17-Em21），平均为 89.9%。值得注意的是，各引物组合多态信息指数（*PIC*）可达 0.217~0.314（平均 0.277），标记指数（*MI*）则为 2.123~5.115（平均 3.560），而引物分辨力（*RP*）表现为 2.92~8.24（平均 5.79）。Nei’s 基因多样性（*h*）参数从 0.204 跨至 0.373（平均 0.279），香农指数（*I*）均值达 0.427（0.324~0.555）。此外，分子方差分析结果也显示，不同无性系 SRAP 变异程度达极显著水平（$P < 0.01$）。

表 2-14　杉木成熟期无性系 SRAP 多态性参数

引物组合	*TNB*	*NPB*	*PPB*（%）	*PIC*	*MI*	*RP*	*h*	*I*
Me1-Em1	12	12	100.0	0.314	3.768	5.32	0.316	0.486
Me1-Em19	16	15	93.8	0.286	4.292	7.56	0.303	0.458
Me1-Em20	9	9	100.0	0.284	2.556	3.00	0.248	0.395
Me2-Em26	14	13	92.9	0.257	3.343	5.48	0.254	0.391
Me3-Em17	13	11	84.6	0.289	3.178	5.72	0.294	0.442
Me4-Em5	15	15	100.0	0.291	4.365	6.92	0.305	0.464
Me4-Em21	17	16	94.1	0.276	4.415	7.28	0.291	0.444
Me9-Em14	15	13	86.7	0.270	3.511	5.72	0.273	0.419
Me10-Em20	13	12	92.3	0.301	3.612	5.48	0.305	0.465
Me10-Em21	13	12	92.3	0.271	3.252	5.00	0.266	0.410
Me10-Em26	16	15	93.8	0.304	4.562	7.32	0.324	0.489
Me11-Em5	18	16	88.9	0.271	4.337	8.24	0.293	0.436
Me11-Em13	15	14	93.3	0.300	4.199	7.32	0.319	0.477
Me11-Em20	16	14	87.5	0.253	3.542	5.76	0.255	0.391

续表

引物组合	*TNB*	*NPB*	*PPB*（%）	*PIC*	*MI*	*RP*	*h*	*I*
Me11-Em21	10	8	80.0	0.278	2.224	3.36	0.251	0.390
Me12-Em1	16	15	93.8	0.269	4.037	6.40	0.276	0.425
Me12-Em19	15	15	100.0	0.341	5.115	8.20	0.373	0.555
Me13-Em5	12	10	83.3	0.261	2.609	4.00	0.243	0.379
Me13-Em18	16	13	81.3	0.217	2.823	4.48	0.204	0.324
Me15-Em1	13	10	76.9	0.282	2.819	5.32	0.284	0.424
Me15-Em26	15	10	93.3	0.273	3.821	6.48	0.284	0.426
Me16-Em1	15	14	93.3	0.271	3.793	5.80	0.272	0.424
Me16-Em19	18	16	88.9	0.235	3.760	6.04	0.236	0.369
Me17-Em19	12	11	91.7	0.291	3.202	5.00	0.289	0.440
Me17-Em21	17	17	100.0	0.291	4.947	7.64	0.310	0.472
Me18-Em19	16	13	81.3	0.239	3.109	5.12	0.234	0.364
Me19-Em1	13	9	69.2	0.236	2.123	4.04	0.220	0.337
Me19-Em18	16	14	87.5	0.301	4.214	7.60	0.325	0.480
Me19-Em19	14	13	92.9	0.303	3.941	6.92	0.319	0.479
Me19-Em22	9	7	77.8	0.310	2.171	4.28	0.299	0.439
Me20-Em1	14	13	92.9	0.310	4.032	6.76	0.330	0.487
Me20-Em17	13	11	84.6	0.254	2.793	4.52	0.243	0.376
Me20-Em19	18	17	94.4	0.254	4.316	6.64	0.261	0.406
Me20-Em26	13	12	92.3	0.278	3.336	5.00	0.274	0.423
Me21-Em19	11	10	90.9	0.247	2.470	2.92	0.209	0.349
总计	498	445	89.4	—	—	—	—	—
平均	14.2	12.7	89.9	0.277	3.560	5.79	0.279	0.427
标准差	2.4	2.6	7.3	0.026	0.792	1.44	0.038	0.050

注：*TNB* 为总条带数；*NPB* 为多态性条带数；*PPB* 为多态性条带比例；*PIC* 为多态信息含量；*MI* 为标记指数；*RP* 为分辨力；*h* 为 Nei' s 基因多样性参数；*I* 为香农信息指数。

采用 TASSEL 分析系统（Bradbury et al.，2007）利用一般线性模型（GLM）和混合线性模型（MLM）同步对测定的生长材质性状进行 SRAP 关联分析，当两种模型均显示某一标记与某一性状显著相关时（$P<0.05$）则确认该标记的有效性。结果共检测到 99 条性状—SRAP 标记显著连锁信息（$P<0.05$），与性状紧密关联的 SRAP 标记达 77 个，各标记表型变异解释率（R^2）均较高（8.3%~26.4%）。其中，59 个 SRAP 标记仅具有单一性状连锁性，而其余 18 个 SRAP 标记信息可与两个以上表型性状紧密关联，如 Me16/$Em1_{1000}$ 与胸径、材积、木材基本密度及木材吸水率等性状紧密连锁（表 2-15）。

表 2-15 与杉木成熟期生长材质性状紧密关联的 SRAP 位点信息

性状	显著关联的 SRAP 位点（$P<0.05$）	表型变异解释率范围（%）
树高	Me10/Em26$_{160}$，Me11/Em5$_{380}$，Me11/Em5$_{550}$，Me11/Em21$_{750}$，Me12/Em19$_{900}$，Me13/Em18$_{150}$，Me15/Em26$_{250}$，Me19/Em19$_{750}$，Me21/Em19$_{600}$	9.1～12.8
胸径	Me10/Em26$_{160}$，Me11/Em5$_{550}$，Me11/Em13$_{1100}$，Me16/Em1$_{1000}$，Me18/Em19$_{700}$，Me19/Em19$_{750}$，Me20/Em19$_{400}$，Me20/Em19$_{850}$	8.8～12.8
材积	Me1/Em20$_{250}$，Me10/Em26$_{160}$，Me13/Em18$_{150}$，Me16/Em1$_{1000}$，Me17/Em21$_{2000}$，Me20/Em19$_{400}$	8.4～16.1
木材基本密度	Me2/Em26$_{470}$，Me3/Em17$_{2000}$，Me10/Em20$_{250}$，Me11/Em20$_{200}$，Me12/Em19$_{450}$，Me16/Em1$_{1000}$，Me19/Em22$_{150}$，Me20/Em1$_{750}$	9.3～26.4
心材比率	Me1/Em1$_{900}$，Me1/Em19$_{900}$，Me1/Em19$_{1000}$，Me10/Em21$_{930}$，Me10/Em26$_{160}$，Me10/Em26$_{500}$，Me11/Em13$_{450}$，Me11/Em20$_{1200}$，Me13/Em5$_{550}$，Me18/Em19$_{700}$，Me20/Em19$_{270}$，Me20/Em19$_{850}$，Me20/Em26$_{300}$，Me21/Em19$_{350}$	8.3～17.5
木材吸水率	Me2/Em26$_{470}$，Me3/Em17$_{2000}$，Me10/Em20$_{250}$，Me11/Em20$_{200}$，Me12/Em19$_{450}$，Me16/Em1$_{1000}$，Me19/Em22$_{150}$，Me20/Em1$_{750}$	9.0～24.6
管胞长	Me1/Em20$_{360}$，Me4/Em5$_{320}$，Me11/Em5$_{1700}$，Me11/Em20$_{330}$，Me11/Em20$_{1200}$，Me12/Em19$_{110}$，Me12/Em19$_{200}$，Me13/Em18$_{880}$，Me17/Em19$_{200}$，Me17/Em19$_{1000}$，Me19/Em19$_{300}$，Me20/Em19$_{750}$，Me20/Em19$_{1400}$，Me20/Em26$_{450}$，Me21/Em19$_{1000}$	8.3～17.5
管胞宽	Me10/Em20$_{1650}$，Me10/Em21$_{500}$，Me11/Em20$_{1500}$，Me13/Em18$_{350}$，Me16/Em19$_{800}$，Me17/Em19$_{2000}$，Me17/Em21$_{200}$，Me17/Em21$_{1700}$，Me19/Em19$_{1800}$，Me19/Em22$_{600}$	8.3～14.8
管胞长宽比	Me1/Em1$_{250}$，Me3/Em17$_{500}$，Me11/Em5$_{250}$，Me11/Em5$_{1700}$，Me11/Em13$_{950}$，Me11/Em21$_{300}$，Me11/Em21$_{1800}$，Me12/Em19$_{500}$，Me12/Em19$_{1000}$，Me13/Em5$_{200}$，Me13/Em5$_{700}$，Me13/Em18$_{100}$，Me13/Em18$_{600}$，Me13/Em18$_{700}$，Me13/Em18$_{750}$，Me13/Em18$_{800}$，Me15/Em1$_{490}$，Me15/Em1$_{500}$，Me15/Em26$_{1400}$，Me17/Em21$_{700}$，Me21/Em19$_{750}$	8.9～15.7

二、杉木无性系幼龄期生长材质性状的 SRAP 遗传关联分析

幼龄期杉木群体以小坑林场杉木基因库 6 年生亲本无性系群体为代表（共 227 个无性系），性状变异模式详见本书第一章的第二节。运用 SRAP 技术对这些无性系进行基因分型发现，35 对 SRAP 引物组合均可从样品中扩增出清晰、稳定、多态性较丰富且易于检测的 SRAP 谱带。经 SRAP-PCR 扩增，共从 227 个杉木基因型群体中检测到 564 个 SRAP 条带，其中 558 个条带为多态性条带，多态性条带比例达 98.9%（表 2-16）。每对引物组合可扩增的条带数量不等，最少为 11 条，最多为 21 条，各引物组合平均扩增条带 16.1 条，其平均多态性条带 15.9 条。各引物组合多态性条带比例从 92.3% 增至 100.0%，平均为 98.9%。

表 2-16　杉木幼龄期无性系 SRAP 多态性参数

引物组合	*TNB*	*NPB*	*PPB*（%）	*PIC*	*h*	*I*
Me1-Em1	19	19	100.0	0.2173	0.2622	0.4158
Me1-Em19	18	18	100.0	0.2347	0.2935	0.4457
Me1-Em20	11	11	100.0	0.2637	0.3242	0.4941
Me2-Em26	13	13	100.0	0.1984	0.2392	0.3808
Me3-Em17	16	15	93.8	0.2695	0.3364	0.5026
Me4-Em5	16	16	100.0	0.2433	0.3000	0.4572
Me4-Em21	17	17	100.0	0.2604	0.3175	0.4896
Me9-Em14	17	16	94.1	0.2153	0.2638	0.4079
Me10-Em20	15	15	100.0	0.2578	0.3203	0.4845
Me10-Em21	17	17	100.0	0.2662	0.3357	0.4999
Me10-Em26	19	19	100.0	0.2839	0.3541	0.5301
Me11-Em5	15	15	100.0	0.2599	0.3205	0.4887
Me11-Em13	16	16	100.0	0.3345	0.4348	0.6196
Me11-Em20	16	16	100.0	0.3005	0.3745	0.5578
Me11-Em21	13	13	100.0	0.2436	0.3075	0.4584
Me12-Em1	14	13	92.9	0.2946	0.3733	0.5457
Me12-Em19	17	17	100.0	0.3179	0.4037	0.5893
Me13-Em5	13	12	92.3	0.2576	0.3214	0.4808
Me13-Em18	15	15	100.0	0.2727	0.3356	0.5108
Me15-Em1	13	13	100.0	0.2325	0.2916	0.4411
Me15-Em26	15	14	93.3	0.2578	0.3218	0.4814
Me16-Em1	17	17	100.0	0.2285	0.2716	0.4336
Me16-Em19	18	18	100.0	0.2276	0.2775	0.4317
Me17-Em19	17	16	94.1	0.2614	0.3269	0.4881
Me17-Em21	21	21	100.0	0.2449	0.3061	0.4620
Me18-Em19	20	20	100.0	0.2214	0.2631	0.4214
Me19-Em1	16	16	100.0	0.2687	0.3349	0.5043
Me19-Em18	15	15	100.0	0.2519	0.3073	0.4755
Me19-Em19	18	18	100.0	0.2696	0.3304	0.5046
Me19-Em22	12	12	100.0	0.2706	0.3374	0.5050
Me20-Em1	19	19	100.0	0.2926	0.3673	0.5458
Me20-Em17	14	14	100.0	0.2280	0.2755	0.4348
Me20-Em19	20	20	100.0	0.2767	0.3468	0.5186
Me20-Em26	17	17	100.0	0.2327	0.2907	0.4424
Me21-Em19	15	15	100.0	0.2577	0.3172	0.4831
总计	564	558	98.9	—	—	—
平均	16.1	15.9	98.9	0.2576	0.3196	0.4838
标准差	2.4	2.5	2.5	0.0293	0.0410	0.0510

注：*TNB* 为总条带数；*NPB* 为多态性条带数；*PPB* 为多态性条带比例；*PIC* 为多态信息含量；*h* 为 Nei’s 基因多样性参数；*I* 为香农信息指数。

根据不同SRAP标记出现的频率，本研究将检测到的SRAP位点分成三类（图2-7），第一种为低频SRAP（出现频率低于76），第二种为中频SRAP（出现频率在76~150），第三种为高频SRAP（出现频率高于150）。值得注意的是，多数SRAP位点（占48.6%）属低频SRAPs，仅有124个SRAP位点（占22.0%）为高频SRAPs。

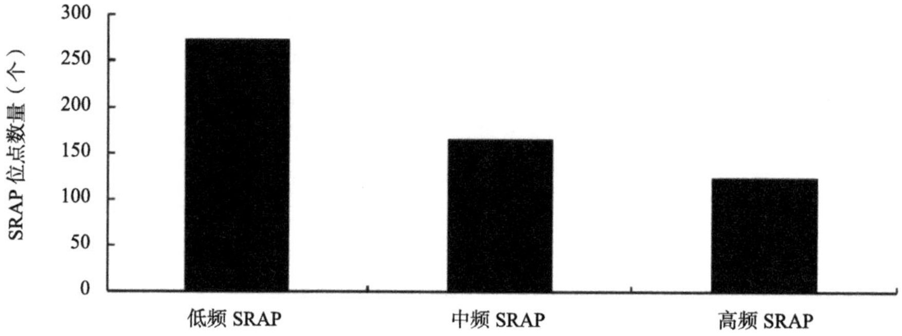

图2-7　杉木无性系不同频率SRAP位点数量情况

参试无性系群体 *PIC* 变幅为0.1984~0.3345（平均为0.2576），*h* 从0.2392跨至0.4348（平均0.3196），*I* 均值达0.4838（0.3808~0.6196）。与此同时，分子方差分析结果表明，参试无性系SRAP变异程度达极显著水平（$P < 0.01$）。基于SRAP数据，本研究还计算了不同无性系间两两遗传距离，发现无性系间遗传距离差异较大，可从0.0531跨至0.9097（平均0.5053），而94.9%的距离分布在0.3000~0.6999范围（图2-8a）。为更好展示群体内不同无性系间遗传差异性，研究组还构建了参试无性系二维主成分分析图，如图2-8b所示。

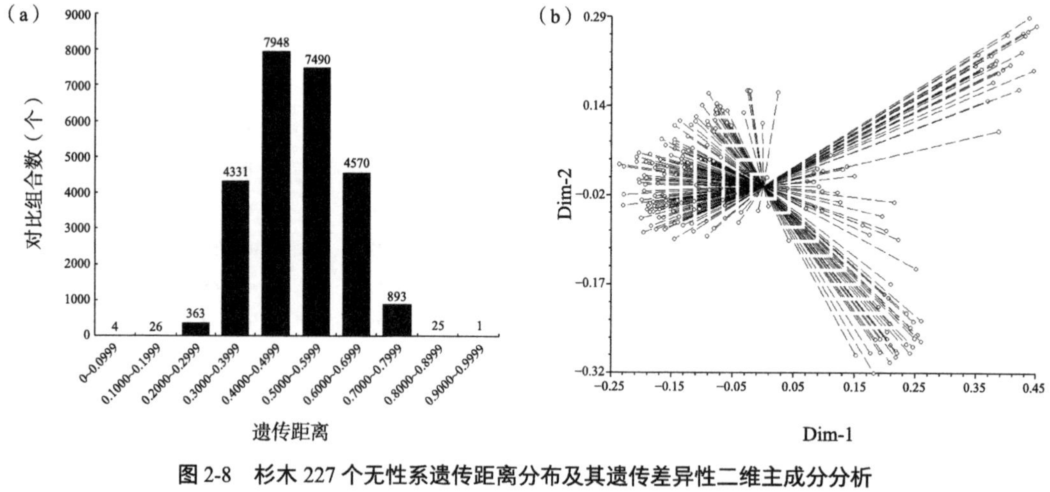

图2-8　杉木227个无性系遗传距离分布及其遗传差异性二维主成分分析

基于所获的表型与 SRAP 数据,利用一般线性模型（GLM）和混合线性模型（MLM）同步对测定的树高、胸径、材积、幼龄材木材基本密度等性状进行 SRAP 关联分析，当两种模型均显示某一标记与某一性状显著相关时（$P < 0.05$）则确认该标记的有效性。结果共检测到 91 条性状与 SRAP 标记的显著连锁信息（$P < 0.05$），与性状紧密关联的 SRAP 标记达 64 个（表 2-17）。基于 GLM 模型，各 SRAP 标记 R^2 值介于 1.7%~9.2%；对 MLM 模型而言，各 SRAP 标记 R^2 值为 1.7%~5.6%。值得注意的是，46 个 SRAP 标记仅具有单一性状连锁性，而其余 18 个 SRAP 标记信息可与两个以上表型性状紧密关联，但限于生长性状，如 $Me17/Em19_{2000}$ 与树高、胸径和材积等性状紧密连锁。这种关联与前期发现的生长性状间呈正相关关系相符合。事实上，50% 的性状关联位点属低频 SRAPs。对与幼龄材木材基本密度（*JWBD*）紧密关联的 21 个 SRAP 位点中，有 10 个属低频位点，仅有 5 个为高频位点。与成熟期关联获得的 SRAP 位点对比发现，杉木幼龄期生长材质性状所关联的 SRAP 位点和成熟期时有较大不同，仅有少数相覆盖（如 $Me2/Em26_{470}$、$Me13/Em18_{150}$）。这表明，杉木幼龄期与成熟期调控生长材质性状的遗传基础明显不同。

表 2-17　与杉木幼龄期生长材质性状紧密关联的 SRAP 位点信息

性状	显著关联的 SRAP 位点（$P < 0.05$）	GLM 表型变异解释率范围（%）	MLM 表型变异解释率范围（%）
树高	$Me1/Em20_{380}$，$Me2/Em26_{1100}$，$Me3/Em17_{560}$，$Me10/Em20_{650}$，$Me10/Em26_{180}$，$Me10/Em26_{1700}$，$Me11/Em20_{1900}$，$Me11/Em20_{2000}$，$Me12/Em19_{220}$，$Me13/Em5_{150}$，$Me13/Em5_{700}$，$Me13/Em18_{150}$，$Me15/Em26_{550}$，$Me16/Em19_{1600}$，$Me17/Em19_{200}$，$Me17/Em19_{1450}$，$Me17/Em19_{1600}$，$Me17/Em21_{180}$，$Me18/Em19_{260}$，$Me19/Em19_{270}$，$Me19/Em19_{1400}$，$Me19/Em22_{350}$，$Me20/Em1_{110}$，$Me20/Em19_{750}$，$Me20/Em26_{350}$，$Me20/Em26_{620}$	1.7~9.2	1.8~4.3
胸径	$Me1/Em1_{700}$，$Me1/Em1_{2000}$，$Me1/Em19_{250}$，$Me1/Em20_{380}$，$Me2/Em26_{510}$，$Me2/Em26_{750}$，$Me2/Em26_{1200}$，$Me3/Em17_{560}$，$Me4/Em5_{1400}$，$Me4/Em21_{750}$，$Me10/Em26_{1500}$，$Me11/Em20_{150}$，$Me11/Em20_{1900}$，$Me12/Em1_{230}$，$Me12/Em19_{500}$，$Me13/Em5_{150}$，$Me15/Em1_{160}$，$Me15/Em26_{550}$，$Me15/Em26_{600}$，$Me16/Em1_{340}$，$Me17/Em19_{200}$，$Me17/Em19_{1450}$，$Me20/Em26_{350}$，$Me20/Em26_{620}$，$Me21/Em19_{800}$	1.8~7.9	1.7~5.6
材积	$Me1/Em1_{700}$，$Me1/Em1_{2000}$，$Me1/Em19_{250}$，$Me1/Em20_{380}$，$Me2/Em26_{510}$，$Me2/Em26_{1100}$，$Me2/Em26_{1200}$，$Me3/Em17_{560}$，$Me4/Em5_{1400}$, $Me11/Em20_{1900}$，$Me13/Em5_{150}$，$Me13/Em5_{400}$，$Me15/Em26_{550}$，$Me15/Em26_{600}$，$Me17/Em19_{200}$，$Me17/Em19_{1450}$，$Me20/Em26_{350}$，$Me20/Em26_{620}$，$Me21/Em19_{800}$	1.7~8.3	1.7~5.0
木材基本密度	$Me1/Em1_{570}$，$Me1/Em19_{440}$，$Me2/Em26_{470}$，$Me2/Em26_{630}$，$Me3/Em17_{750}$，$Me4/Em5_{620}$，$Me4/Em5_{830}$，$Me4/Em5_{900}$，$Me4/Em21_{930}$，$Me10/Em20_{750}$，$Me10/Em26_{1100}$，$Me11/Em20_{1000}$，$Me11/Em21_{450}$，$Me12/Em1_{480}$，$Me13/Em5_{250}$，$Me15/Em26_{740}$，$Me16/Em1_{250}$，$Me20/Em1_{430}$，$Me20/Em1_{1500}$，$Me20/Em17_{420}$，$Me20/Em19_{1000}$	1.9~5.6	1.8~4.6

三、杉木特异位点 SRAP 标记的克隆与序列分析及分布模式

为获取与性状紧密关联的 SRAP 标记序列信息，针对与杉木成熟期生长、材质性状紧密关联的 18 个 SRAP 位点，开展克隆测序分析工作，以期转化成 SCAR 标记。这些 SRAP 位点包含的序列信息不一，序列长度最短 139bp，最长 1629bp。序列信息如下：

>Me2/Em26-469

TGAGTCCAAACCGGAGCCACAAACAGACTTTAACTTTTTGAGCTATAGAAACTACAAAATGAAATTATTACATCAATTGGCCGCTCCTCTTAGACAAGAAACATCAAAAGACAAACAACCCGCATTTGAAGAGAAATACAAAGACCCCTAATTCTATCTAGCGGGTGGATACGAAAAACATTTATACTGATGCAGACCTAGCATCCCTTTAGCAAGAAATCAAAAATTGGACTTAGTTCCTAATATGATGATGGGGTTGTAATATATTATCCGACGCTTGGCTAGTAGAAGTACTCCGTACTTTCTATGTAGTAATTTTGATGATGTTTTATCTCACTTACAAACCTTAACAATACTGCTGCTCCATGCACTTTGTTTGTCTTTGAATCTTGCCTTGGTGACACTCATTTATGAGATTTTTGTGATATATCCCCACGGTTATCCATGATCTCCGAATTCGTACGCAGTC

>Me3/Em17-495

TGAGTCCAAACCGGAATTGAACTCCAGCATATGCAGATGCTTCCAATCAGTTCAAGACTGTGATTCTTATCACTTTGTAGACAGTGTGTCTTCTTGTAGGCAGTGGACCTCTTGTGAGCAGTGTGCTCGGGCAGTGAGCCCTAATTGGAAAGTGCCATTTTGTAATTTCCTATTCTTCTAACAGAGAATAATTTTTGGGTTAATCACCCCGTGGTTTTCTCCCTTAACAGGGTTTCCACGTCAAAAATACTGTGTCATGTGTTTCTTATTTCATGGTAATGTTTTGTGTTTGATTCAATGCTGCATTAATTAATAAGAAAGTTCAAAAAGGGAAATAATTAGGATAACTGATTCACCCCCCCCCTCTCAGTTATCAACATATATCTGTTGGTTGAGGGATCCACAACCTTCACCTTCACCTTCACCATGAGTATTGCAACCTACATACAACACAAGCGACAAGTCCCCCTCATCTAGCATAATTCGTACGCAGTC

>Me10/Em20-1629

TGAGTCCAAACCGGACGTTATAATCCCTAACAACCGTGCTTCTACATCCTTGTCATCTCATGTTGATCCAACTACACTGGCTTCTTCTTCAGGGGCACCTCCACCTAAACTCCAACTCAAAGATAAAGGTTTGGGAGAGTACACGGTATCTTAGTCCCTCTGCTTGG

CACAATTGCCCCTCTCTCCTCGATCCTATGGGAGACCTATCTTAAAAACACCCACAA
CAAAGAAGCCAACCAAAGGACCATTTGTGAAATGGGGAAGCCTGGAAGATGAAAG
TGATGAAAAAGATGCCCTACAATGGCTGTACAAAGATGAAGCTAGCTCCTTAACGC
CACATGATCAGCCCACTATACCGACAGAATAGTACGGGCAAGGCTACCAAATACTAC
AGAAAATGGGATATGAAGGACATGGTCCACTTGGATCAAGAAAGGATGGCATCACT
GAACCCATCCAACCTCATACCTTAATAGCCCGAGACACTACAGGGCTAGGCTAAACT
AGAGCACCAAGAAATAACAAAAATAAAGAAAAACAAATAGAAGTAGCCACTAACA
ATATGGTTGAATAGATTCAGAGGATGCAACTGGGGAGTGACATAGATTCTAATGAGT
ACGAATGGGATAGCCTCTCTGAGCTGTCTTGTGATGAAAAGGATATTGACGTTGTCC
ACGAGTATGACCCAACCCTTGCGAATGAGATACAAAGTAAGAGCTAGACCACTAGA
GTCCATTCTGCATAATGACAATAGTGACAATCGTGAGGAAAGAATGATACCTCCCTC
GACAGATCCCCTACTAGAGAGTACTGTCACAGACTTTGTTCATTCCCTCAACAATTC
TGTCCTTACTATCAACTCTGTTGAATCCAACCAACCTCATGACCCCTTGCCTCTTGTA
CACCCCAAACTTATAGACTGGGACCTCGAAGACACCACCCCTGAGTTTGATACTTTT
GAAAATGACGACGCCATCATAGATTTTATTGAGCTTAGGGACCATCTACCCGCAGGA
GACCACAGGGCTGGCTATACTATTGAACTCAATCAACAGGCCTATTTGGAGAGAGA
GCCAAGCCTTTCAGTCACAAAAACATCCAAATAAAAGAAAGATCTAATGGTGAAAA
CCACTCTGCGGCAGTGTTAGATCATAAAAAAAGTAAAAACAAAGACACATCCGATG
GTGAAAACCTCTCTGAGGTGCCAAAGGATGGAAGGCTTGACTCCCTCCCCAATCTT
ACACATCAGGAAAGATCATTGATCTTGATAGAATCAGCGGAAGCAGTCAATGTCAA
CACAAGAGATAATCCCAGAATGGTTCACATGGCAAAGGCTCTAACCGAGCAGGAAA
AACCAGCATTCACAGATTTCTTCAGAAGAAAATAGATCAACTTTGCATGGACCTACG
TCGACATGCCAGGACTTGATCCAGATCTCATCATGCATCACTTATCTTTAGCTCCAGG
AGCTAAGCCTATTAAACAAAAGCTTAGAAAGATGCATCCGCAGGTGGCCCTCATGG
TGAAGGAAGAACTCAAGAAACTGCTAGATGTCAGGTTTATCAAGCCCATAGATTATC
CTGAATGGGTTTCAAATATCATACCAGTGGCTAAATTCGTACGCAGTC

>Me12/Em19-977

TGAGTCCAAACCGGAGGCCGTTGCTGAATTCCTTGATCCGCAGAACGAGGCCA
GAAAAGCCGTTGGAGCTCCCCCGCTTATATGGAACAGGACGGTTGCCGCTTATGCAT
ACAATTATGCGACAGTGAGAAGAAATGACTGCTTACTTCAACATTCGCAAGGATCG
CCCTACGGTGAAAATATATTCTGGGGCAGCGGCCCACATTGGACACGTCGACAGGC

AGTGGATGCTTGGATTGCTCAAGAGAAGTGGTATGTCCATGACAGTAACACTTGCA
CAGGCCCAGATTGCACACACTATACTCAGATTGTGTGGGCGACAACCACAAGTGTT
GGGTGTTCTCTTATAAAATGTAAGAACAGGGATACATGGGTCATATGCAGCTACGAC
CCCCCGGGCAACTATGTTGGCGATAGGCCCTATTGATGGGCTCAGTATAGCCAGCAT
ATATTTTGCAGTTGAGAAGTGGCAAATATTATTCTTTGTTTTAGTATAGTAATAGAAA
AACGGTGCTGTCATTAGCCATCTTTGTTGGTGACAAAGCGATGGTATTCATAGCACA
TTGAAGTCTCATTGGGTTTATCTTTGTATGTCAGTAAACCAAATTTGAGTCCAAACTT
AGATTTCCACTACGATTGAATCATGGTACCAGGCCTGCAATTTGAGAGACGGTCGTC
GCATATTTATTTGAGTTTTGTAAGTTAACGGTTGAAAAATTAAACTGAATGCAGACTT
CGTTAGGCTGAGATTTCCCTAACCAAATTCAACTTAACTCTGCATTTGGCTTAATTCT
TTTAAATAAATGGCAACTTTAACTGGAATTATAATAATCTTTTAACTGGAATTATTATT
CTTTTAAATTGCAGTGACTTCGAAAATGTCAATCTCTTCACTTCTTGAGGAAACACT
TTTCTGAACTCTTTCTAAAGAAAACTTGACGCTACAAATTTCCCTAAACCGTAATTC
GTACGCAGTC

>Me12/Em19-198

TGAGTCCAAACCGGAGGCCAGAAACAACTTCTGAGAGCATCATATGAGTCCTC
TAAACCAGCAGAGCTCACTGGTAATATCAATTTACCCCTTTGAACAAGATGACACAG
ACCCAAAAGGTCAACGACAACTGCACTGCTAGAGACCCCAGAAAGGGGGACATTA
CAGAAGTTACATTCCCGTAATTCGTACGCAGTC

>Me13/Em5-210 TGAGTCCAAACCGGAAAGTGGGTGCCAGAATCAAGCATGAA
GGTGTATGATGGAATTTGATATGACAAAGATCTTAAAAGAAAAATTGGAAGAAAAG
AAGTCAGTATGACACACTGTGGAACAATCCTAATCGACTGTATTCTATAGGAAAAAA
ATCAACAGCTTTTTGGAACAAGCATTAATGATGATTAGGTTAATTCGTACGCAGTC

>Me13/Em18-725

TGAGTCCAAACCGGAAAGACAGTTACAAGCTACTGAGTATCGCTACACTGTTT
GATAGTTTAACTGTGACAAAGTCTGAATTCTAATGGTTTGCATTTTGCCGCTAAAGG
ATATTTTGATTTGCAATTATGAAGGTATTATTGGTGATGTCTAAGGAGTTCTTGACATG
ATTTTGAGCAACCTCTATGGTCTGCGGTAAAAGATGTACTCTGACAGATGAACTGAA
TTAATGGCAGTTTGAGTTAGAGGATGACATGACAAGTTTAAATTGTATGTGGTAAGT

TCTATTTTTTAGAACTTAATCCCAAGTTGTTAAATAGTTGAGGCCAACATATGTGAAT
GCAATTCAAGTGTTGTCTGAGTCCACTGGAAGTTTTGGTAAATAAATTTGGCTGACA
AGCTACTTAAGTTACAAGTGAATGCTTCACTTTCTTAGGCCTACCTAATATGAAGATA
TCAAGTGTTGCAGATATATATAAGGGATTGAATTCACTATTTTAGTATGTGATGTGAAT
GTGAATGAATATGGGTGGAACATGCGAAGCAAGATGATTTTGTGAAAGAGATAAAG
AGAAGAAGAAGAGAGATCTTGTTCCTATGTAAACGCAGAGCAGAGAAACAAAGCA
GTAAAAGATGAAGAGCGTTGAGTTAGTATTTCTGTGCTTCATTGGAGCTGTAACCAT
GCATGGATAGATGCAATATGAGTAGCTAATTCGTACGCAGTC

>Me13/Em18-329

TGAGTCCAAACCGGAAATGCAAGACCACTGAGATCCAACATAAAAAAATTCAA
GAGCGGATGATTTGACACTCAGGACACTTTACAAGAAAATGAAAACATCTGAAGAT
ATGTTTGGGGCTAAAAGATGCATTGTGGACAGAGCTTAACAGGAAGTTACTTGAGA
AAGACACATGTACACTGGAAATAAAAATCAAGAATTATCTGATCAAAAGGAGCAGA
TAGCACTCAAATTCTTCAATAAATCAGTAGTTACTTTTAGAAATACTAAACAACATTT
GTTCTCTCCAGACACCAGATGGCAGGATATCAGCTAATTCGTACGCAGTC

>Me15/Em1-500

TGAGTCCAAACCGGAGATAGAGGGGGATTCTATGCTAACAATAAACAGGCTAA
GAACCAGAAGGTTGGAAAACTGGAGACTGAATGCGTTGTTAGATCATGCTCTTCTAT
TGGCAGATTCCTTCGAACTGATACAGATCAACATATCCTGAGGGAAGGTAATTCAGA
AGCGGACGCTCTTTCAAACATGGCAGCAGATGGAAGAGAGTTTAAGGAAATTTAAG
AAACAGGTAGATCAATCTAAGAACTCTTCTCAAGTGGGTGGTTGGGCGGGAGTCCT
TCCACACATAAGGGTGTGGAAGGACTGGGGTCGTCGATGCAGCGAGTCCCTAGGGG
GCTGGACAACTCAGCAATCGGGGTTATAGGCGGTTGCCAAGTGGACAAAGGCTCTA
TAGACTCGGCCGTCTCCTTTGGTCTAGGAGGCAAGCGCAGGGTATTTTCCACAAGGT
ACTCATGTTTTTAAGAGGCCGAAAACTTACAATCATTAATTCGTACGCAGTC

>Me15/Em26-234

TGAGTCCAAACCGGAGAGGAAATGTTGGTCTGTTTGGGGCCCACCTCTTCTGA
CATTTTCTCAGGAGTTTCTTCTACAACATTTGTAGGATCAGTACCCAAGTCCTCTATG
ATAGGAAGATTAAATCTTTTGAAGGTTTTCCAGAGAATCTCTTTAGTGTCCTTGGCTA

CCTTGTCGGTCTCACCAAGCATAAGTTGATTCATCCTTGCTTTGCTCCCGAATTCGTA CGCAGTC

>Me17/Em19-198

TGAGTCCAAACCGGTAGCCAGAAACAACTTCTGAGAGCATCATATGACTCCTC TAAACCAGCAGAGCTCACTGGTAATATCAATTTACCCCTTTGAACAAGATGACACAG ACCTAAAAGGTCAACGATAACTGCACTGCTAGAGACCCCAAAAAGGGGGACATTAC AGAAGTTACATTCCCGTAATTCGTACGCAGTC

>Me18/Em19-641

TGAGTCCAAACCGGCATTGTCTGACACACCACGATCATGCTCAACCTCTGACTC TTGTTTGCTTGACATATTTGTTTACAGGCAAAGAATGAAAATTGTCGGCGTGTGGCT CCTTATATCAGCTTTCCACTCACTTATAAGATTGCATTGATGCAGCATGATAGCGGAG AACTGAAATTACGCTTGAGAGAATTCTAATCCATCATAACAATGTGAGCATATCTATT ATCAGGATGTAACAGATGGGCATAAAGGCCGTCAAATTTCATGGAACTAAGCATTTC TTTATGGTGATTGCCTGTTAGTGAGGGTTTTAACTTTATGCCCAATTTCATTACAGTTG AGCACTAAAATTACGACAATTTCAATATAATTCGGAGGTATAATTTAATGCAGTTGCT GTGGATTATGTATTCCATGTGAAGCGTGGATGCTTTCACACAATTAGCTTATACAAGA AACTAATTGGGACTTTCAGCGCAGTGTGACACATCTTGCTTTTATGTGTTTTATATTT TTCTTTACACTGGAAGTATGCTTTTGTTTCTAAGCTTAGTAGAATTACTATTCTATACA ATGGAACCAATCAGTTTGTATCTCTTGAACCAGTCTTAGACTGCAATCGTAATTCGTA CGCAGTC

>Me19/Em19-276

TGAGTCCAAACCGGTTGATAAAGTCGCTGGCGTCTGCGGCTTGCATGTTATGTG CATTGCATATGCCAACATACAAAGGAGACATACAAAGAAAGAACATGCAAGCTAGA CCCGAATGAAATTTCAGAATGCTTCATAATGTTTGAGATCCGCAGCTTGTATGTCAAG TGCATTGTATGTTTGCAAAGTGATATGCAAAAGGGAGATACAAGCCAGACCGGAAT GAGATTGTGATATGCTTTATAAATGTTTAGGGTCCGTAATTCGTACGCAGTC

>Me19/Em22-557

TGAGTCCAAACCGGTTGCTGCCCTAATTGCATCCTTAGTGATATTAAATGGTCTA

TTCAACCATAAGAAGTTATCATGCACTCTGCTCAACACATACTGGACCCATTCATCTT
CTTCAAAATAGGGGAAATGAATGCATTGACAAAAATGTTTATCCCGGATGCCCTTAT
ACTATGGTTTGAGTTCAAAAGCATCATCTATCAATTGGTTGTGATAGATATCCCTTAAT
TTGGATTCCCCAAATTCTTCAATGTTCGCATGAATGTAAACCCTAACATCTTCTACAT
GCAATATACCATGTGGAATGCTAGAAAATGCACCTGAGGGATCCACTTCTAGAGATT
TGTATGGATGCTTCTTAAATTTAGGGCGCGGCCTAACAGAAATCTTCACAACATTCA
AAGTAGCCATTTCCAAGAAGATTTGTAGAAAGATATTCAAGAGTGGAAAATACCTTT
TGCGCTTCTAGGTTTCACGGAATGAGCTGAATCAGATTGCTAGAAGAAGTGACTTCT
GCAGTTTATCTTCAAGAGGCTTGAGACAATTCGTACGCAGTC

>Me19/Em22-139

TGAGTCCAAACCGGTTGCCACTCAAATAGAAATGATACTCCCTCAAAACTTTTC
TATCATTCTCTGTACTATCATCTGCATGTCTATAAACAATATGAACAAACATAGTGTAA
TATCCCTTGACAATTCGTACGCAGTC

>Me20/Em1-772

TGAGTCCAAACCGGTGTTGTCATTGATGTCAACATACTCTTGTTACATTAATGTC
AAAGATTGGATGAGTTGTTTGTTGAGGATATTGAGAAAATTAGTCTTATCAGGAACA
AAGAAGAATAGTGAAGACAGTGAGGTAAAGATCCTAGCTAATATGAAGATCAAAGG
ATGTACATTAAAGGGTTTGTAGATATGTGTCTTTAGATGATCCAGCTAAGTTTTGAGA
GATCCACATATAGAACTGAAGAAGTTATGGCCACTTGAGTAAAACAGGTTTTGGTAG
TTGTTTAGAGGTAACAGAGTAACACAAATAGGTCCGGTGAGCTCTAGAAATGCAATA
TCTTGTTCTGCACATTTAGTGGAGTGTTTAGGAAGTCAATATGAATTGACAACTCAAT
TGGTTTATGGTCTGAAGGTCTGTAAGCATCTATTCCAATATGACAGTGATGACAAACT
GTGTTCTTGAGGTTCTGGATGAAGGAGGGAATGATTTCAGTAAGTAGAAGTAGTTTG
GATGTTCTTGGTGATTCAAGAAAGCTTGTGGAGGTCTTTAGATTGTGTCCAGTTCAT
GTGGGTGGTCCACATTCAAGATTGAGCTTGTAATTGAAGAATTACTTCCAGATGATG
ATTTTCTTCTTAAGTGTGGTTGACTGGATGAGCTACACATCCTGCAAATGATCTTGAA
GATGATCTTAGATGCATCACATGTTCATCAAAGGAGATTGAAGTCCCAAATCTGTGT
GTCCGACAATGTATTAATTCGTACGCAGTC

>Me20/Em19-780

TGAGTCCAAACCGGTGTGGACGCCGTCTTTCTCAAGTGGACCGCTGAGGATGA
GGTCCCTGTGTATCATCCAAAACAGTATCCCTCTCAGAAGATGAAGGACCAGGCTTG
GGGCTCTGAGGGGAAATATCTGAAAGAGGCAGAGGAGACTGGACGGCGTTCGGAG
GGAAAACGACAGTTGTGTCTGTGGGACCCACAGAGTCCTGAGTATTAGGGGAAAG
TGGCAGAGGGAAAGAAACACCCGTGGGATCTTCTGAGAGTGGAGGAAGCAATGGT
GGCGGATCTCCTGAACTCAGAGGATGATGGGTCTGAAGGATGCTACGGTGGTTGGG
TGACTAAGCGTTGACCAACAGCACCATTGGATGGAGAGTAAGAAGGAGGCATCACT
GTAGAAGAAGTGGAAATGGAGGGAGCAAACCGAACATATTTCTCTTTGATGAAGC
AGAAGTGGAGCCATTTCCAAACATATCAAAGGGAACATAATCATTAGAAGCATGTGG
CTATTTGGGCAAACCTGAAAAAGACCATTCACTGAACACAACATCACAACTTCAAA
TAACTTTCACTGCAGTTGGATCCCAGAGATGAAAACCAAATTGATCCTCACCGTACC
CCAGAAAAATACACTTCTTCGAGTGAAAATCCAGTTTAGTGCACTGTTCTTTTAGAA
TGTGGACAAACACATTGCAGCCAAAAACTCCCAAATGATTTAGAGAAATCCTCTTA
CCAGTCCACCTTTCTTCCAAAATGTCGAAGTCAAGACGTAATTCGTACGCAGTC

>Me21/Em19-601

TGAGTCCAAACCGGTCAAATGGTATAACTGTCGTAAATTAGCATGCATCTTCTTC
ACTCCTAGGTGTGCTGCATAGGGTGCTCTATGAGCCTCTAAAAGAATCACTGCATGT
AGATCACCCAAATTAGATACATAGATGCGCTGCTGATGTCTAAGCAAACCATCAAGC
TCAAGGGAATATCTTATGAACCTGCCCTTAAGGGCCCTCTATTTCTAGATTTCTTGCT
ACACCTCAAGAAAGCATTCATCTTTAGACAAATGCTGTAAGATGAGGTCTCTCAAGT
CCACCCTCAACATCAAGGTCAGGATCTCATGGTGCCTTCGACTGAAGGCATCAACG
ACCACATTCTCCTTCCCTTTGATGTAGTGGACATCAAAGTCATACTCGCATAAGAACT
CCATCCAACGCTACTAGCAGGCATTCAAATTGGGCTATGTGAAAATGTACTACAAGC
TATGGTGGTTCGAATGGAGCTCAAAGCATCAACCCAAAAGGAAGTGTCTCTAACGA
ACAAGAGTATGAATAACTGCTGCGAGCTCTAAATCGTGAGTAGAGTAGTTTAGCTCA
TGTGTCTTGAGCTTACGTAATTCGTACGCAGTC

将上述序列提交美国生物技术信息中心（NCBI）中进行 BLAST 比对发现，NCBI 库中尚未有相关序列与之相似，表明本研究所获得的 SRAP 位点序列覆盖到了杉木基因组中未知位点。由于 SRAP 标记为功能序列标记，研究组推断上述 18 个 SRAP 序列可能连锁到未知的功能基因，但具体尚待进一步研究确认。目前，这 18 个 SRAP 序列信息公布于 NCBI 的 GenBank 系统，Accession number 如下：KP314214、KP314215、KP314216、KP314217、KP314218、KP314219、KP314220、KP314221、KP314222、KP314223、KP314224、KP314225、KP314226、KP314227、KP314228、KP314229、KP314230、KP314231。上述 18 个 SRAP 位点在速生型、速生优质型、纸浆材型等三种杉木类型上的出现模式排布信息与情况详见表 2-18、表 2-19，各类型无性系排布特征不一，表征速生型等杉木特征性状遗传基础。

表 2-18　杉木特异 SRAP 位点对照表

位点	NCBI 登录名称	NCBI 登录号	原关联分析标记编号（成熟期）	关联的性状
A	Me2/Em26-469	KP314214	$Me2/Em26_{470}$	木材基本密度、木材吸水率
B	Me3/Em17-495	KP314215	$Me3/Em17_{500}$	管胞长宽比
C	Me10/Em20-1629	KP314216	$Me10/Em20_{1650}$	管胞宽
D	Me12/Em19-977	KP314217	$Me12/Em19_{1000}$	管胞长宽比
E	Me12/Em19-198	KP314218	$Me12/Em19_{200}$	管胞长
F	Me13/Em5-210	KP314219	$Me13/Em5_{200}$	管胞长宽比
G	Me13/Em18-725	KP314220	$Me13/Em18_{750}$	管胞长宽比
H	Me13/Em18-329	KP314221	$Me13/Em18_{350}$	管胞宽
I	Me15/Em1-500	KP314222	$Me15/Em1_{500}$	管胞长宽比
J	Me15/Em26-234	KP314223	$Me15/Em26_{250}$	树高
K	Me17/Em19-198	KP314224	$Me17/Em19_{200}$	管胞长
L	Me18/Em19-641	KP314225	$Me18/Em19_{700}$	胸径、心材比率
M	Me19/Em19-276	KP314226	$Me19/Em19_{300}$	管胞长
N	Me19/Em22-557	KP314227	$Me19/Em22_{600}$	管胞宽
O	Me19/Em22-139	KP314228	$Me19/Em22_{150}$	木材基本密度、木材吸水率
P	Me20/Em1-772	KP314229	$Me20/Em1_{750}$	木材基本密度、木材吸水率
Q	Me20/Em19-780	KP314230	$Me20/Em19_{750}$	管胞长
R	Me21/Em19-601	KP314231	$Me21/Em19_{600}$	树高

表 2-19　杉木优异类型无性系特异 SRAP 位点遗传分布模式

无性系	类型	A	B	C	D	E	F	G	H	I	J	K	L	M	N	O	P	Q	R
cx14	速生型				•	•							•				•	•	
cx27	速生型、速生优质型、纸浆材型				•			•				•	•	•		•		•	•
cx40	速生型			•	•	•		•					•				•		•
cx41	速生型		•	•				•		•						•	•	•	
cx73	纸浆材型	•	•	•	•			•						•	•			•	•
cx80	纸浆材型			•		•	•			•		•	•	•	•				
cx81	速生型、纸浆材型			•		•	•		•			•		•	•	•	•	•	•
cx82	速生型		•	•	•	•	•	•		•		•	•	•		•	•	•	
cx90	速生型			•	•	•		•				•	•		•	•	•	•	
cx110	速生型、纸浆材型			•	•	•		•				•	•	•	•				•
cx130	纸浆材型		•	•		•	•	•	•			•			•	•			
cx190	纸浆材型		•			•		•		•		•	•	•	•	•	•	•	
cx200	纸浆材型		•			•		•				•	•	•	•	•		•	•
cx236	速生型、纸浆材型		•	•	•	•		•	•	•		•		•	•	•	•	•	
cx237	纸浆材型			•		•		•				•		•	•	•			•
cx240	纸浆材型			•		•		•		•		•	•	•	•	•			
cx247	纸浆材型			•	•	•		•		•		•	•	•	•	•			•
cx300	纸浆材型		•	•		•		•	•	•		•			•	•			•
cx330	速生型、纸浆材型			•		•				•		•				•		•	
cx350	速生型		•	•	•	•		•			•	•						•	•
cx360	速生型			•				•								•	•	•	
cx410	速生型			•		•		•				•						•	•
cx452	速生型			•	•	•		•		•		•							
cx484	纸浆材型	•		•		•		•		•					•			•	•
cx507	速生型		•	•	•	•		•			•			•		•		•	•
cx509	纸浆材型		•	•	•	•	•	•	•			•			•	•			•
cx513	速生优质型	•		•		•		•		•	•	•		•	•	•	•	•	•
cx520	纸浆材型			•				•		•					•	•			
cx521	速生型		•	•		•		•				•	•		•	•	•	•	•
cx522	纸浆材型			•	•	•		•		•		•	•		•	•		•	
cx523	纸浆材型	•		•	•	•		•				•			•	•			
cx524	速生型		•	•		•		•		•		•			•	•	•	•	
cx528	速生型		•	•				•		•				•	•	•		•	•
cx535	纸浆材型		•	•	•	•	•	•				•			•	•	•		
cx536	速生型		•	•	•	•		•				•				•	•	•	•
cx537	速生型、纸浆材型			•	•	•		•		•		•			•	•		•	•
cx540	速生型		•	•	•	•						•		•		•	•		•
cx543	纸浆材型		•	•	•			•		•				•	•			•	•

续表

无性系	类型	A	B	C	D	E	F	G	H	I	J	K	L	M	N	O	P	Q	R
cx545	速生型		•	•		•		•		•		•			•			•	•
cx548	速生型		•	•	•	•		•		•				•		•	•	•	
cx550	纸浆材型		•	•		•		•		•		•			•	•	•		•
cx560	速生型		•	•	•	•	•	•				•	•			•		•	•
cx562	速生型			•	•	•						•				•		•	•
cx567	速生型		•	•		•				•		•			•			•	
cx572	速生型			•	•	•		•	•			•	•	•		•		•	•
cx574	速生型			•	•	•		•				•			•	•		•	•
cx579	纸浆材型		•	•	•	•						•		•	•	•			
cx584	速生优质型			•		•		•				•	•	•	•	•		•	•
cx588	速生型		•	•	•	•		•		•		•				•	•	•	
cx626	速生型			•		•	•	•							•	•		•	•
cx639	速生型			•	•			•			•				•	•		•	
cx642	速生优质型	•			•	•		•				•		•	•	•			
cx652	速生型		•		•	•		•		•		•	•		•				
cx797	速生优质型	•			•			•	•		•		•		•			•	
cx817	速生优质型	•			•		•	•					•		•	•		•	
cx820	速生优质型	•	•		•	•		•				•	•		•	•	•		

Chapter 3

第三章

杉木精选高效种子园

种子园在林木良种化推进过程中起着重要作用（张华新 等，2002）。世界林木种子园建设始于20世纪30~40年代的北欧国家（瑞典等），50年代以后，美国、加拿大、澳大利亚、新西兰、日本等国家相继建立林木种子园，并以育种轮回（breeding cycle）形式持续开展多世代育种、营建高世代种子园，推进林木良种繁育步伐（福克纳，1981；王章荣，2012；Wu et al.，2007；Mckeand，2015）。杉木作为我国南方最重要的商品用材树种之一，其种子园建设受到国家和林业工作者的重视，目前我国杉木种子园建设不断向高世代方向迈进。2015年，广东省率先制定并颁布实施了地方标准《杉木种子园营建技术规程》（DB44/T 1533—2015），随后国家林业局颁布实施了国家林业行业标准《杉木种子园营建技术规程》（LY/T 2542—2015），有效规范了我国杉木种子园建设和生产工作。亲本选择是种子园建设的关键。长期以来，育种者在种子园亲本速生性遗传选择方面开展了大量的研究工作，并在提高种子园子代生长遗传增益方面取得重要进展，近年来一些省份还致力于种子园子代群体材质性状，如木材基本密度、红心材特性的改良。杉木种子园的亲本开花结实遗传变异规律及种子园高产稳产技术研究方面也获得了可喜的进展。广东在杉木种子园营建技术方面不断优化升级，尤其在第二代改良种子园亲本选择与建园技术策略方面作出了较大调整。特别是，种子园建设不仅注重子代的适应性及生长增益，还着力提高单位面积种子产量，且较大程度维持种子园的遗传多样性，其成效较为显著。在龙山林场，杉木第二代改良种子园亦称为杉木精选高效种子园，其建园和管理技术颇具代表。中国林学会林木遗传育种分会名誉主任委员、北京林业大学教授沈熙环先生在《林业科技通讯》专家论坛撰写发表了《种子园“矮化”是良种基地经营方向——考察广东等省（区）种子园的体会》一文，向全国林木育种工作者重点介绍了广东杉木种子园矮化管理及其高产稳产技术，高度肯定了广东在种子园经营管理方面的技术成果，他认为这是杉木种子园经营管理技术革新的结果。此外，福建专家团来广东考察交流后还撰写了专题调研报告《广东省杉木精选高效种子园调研学习报告》，并发表在《福建林业》上，介绍了广东杉木种子园的经营技术与成效。

第一节　种子园建园亲本的选择

为提高广东杉木高世代种子园建设成效，尤其提升原有种子园[第二代种子园，林木良种审定号“粤 S-CSO（2）-CL-009-2010”]的产量与质量，熟化高世代良种生产与繁育技术，重点要对亲本进行精选。以广东为例，建立精选高效种子园主要从当代亲本（第二代种子园亲本）中严格选择更为优异的亲本，主要策略为：依据亲本无性系子代（半同胞家系）生长适应性表现及亲本的花期花量与结实量对第二代种子园亲本无性系进行再选择。同时采用相同方式，对杉木第二代育种园育种群体及第一代改良种子园亲本进行筛选，随后补充到第二代改良种子园亲本群体中。具体选择标准如下。

①入选亲本半同胞子代具有广适性且生长表现优良，较第一代改良种子园子代，树高、胸径、材积增益均≥5%。这是决定亲本的遗传基因是否优良的主要指标。

②在亲本开花时间上，为保证种子园各建园亲本能自由授粉，确保子代的遗传多样性，各建园亲本间的雌球花和雄球花的花期必须要重叠，这是种子园自由授粉的前提，入选建园亲本雌雄球花花期必须要相遇、重叠，过早或过迟开放的亲本原则上都不能入选。

③在亲本开花数量上，以亲本的雌球花数量作为选择指标，雄球花数量作参考指标。从表征观测上，入选亲本雌球花数量达“中等”和“多”的水平，且大于群体均值 5% 以上；雄球花数量要达到群体均值水平。

④入选亲本结实量达“中等”和“多”的水平，且出籽率≥3%。

由此，基于半同胞子代多地点多年度测定结果，综合花期（亲本雌球花和雄球花盛花期的出现时间等）、花量（雌球花和雄球花数量）、结实产种性状信息及不同亲本地理来源、谱系与分子（SRAP 标记）遗传距离数据等，从第二代种子园亲本中遴选出骨干亲本作为第二代改良种子园（杉木精选高效种子园）的核心亲本。同时，从选育的系列优异品系中选出特优亲本予以补充，期间充分考虑其与第二代改良种子园核心亲本的遗传相关性。可用于精选高效种子园建设的候选亲本见表 3-1，入选亲本中，11 个为第二代种质（包括 10 个杂交种质和 1 个半同胞子代种质），另外 15 个为第一代种质，第二代种质占比 42.3%。入选的亲本半同胞子代在粤北、粤中北及粤西北地区均具有较强的适应性，且生长表现优良；各亲本花期花量及结实产种特性年度间表现较为稳定；候选亲本种质组分来源广泛（地理来源），含有包括广东、广西、福建、湖南、贵州等省份在内的多种遗传组分。

表 3-1 广东杉木第二代改良种子园（杉木精选高效种子园）候选亲本

基因库编号	亲本类型	来源	半同胞子代生长表现	花量		花期		结实量与产种量	所在种子园园址
				雌花	雄花	雌花	雄花		
cx27	第一代种质	广西	丰产性好	多	多	晚	晚	中	小坑林场、龙山林场
cx38	第一代种质	广西	丰产性较好	多	多	早	早	多	小坑林场、龙山林场
cx70	第一代种质	广东	丰产性较好	多	多	中	中	中	小坑林场
cx90	第一代种质	广东	丰产性较好	多	中	晚	晚	中	小坑林场
cx454	第一代种质	广西	丰产性较好	多	多	中	早	中	小坑林场
cx455	第一代种质	广西	丰产性较好	多	多	早	早	多	龙山林场
cx531	第一代种质	福建	丰产性较好	多	多	早	早	多	龙山林场
cx539	第一代种质	广西	丰产性好	多	多	早	早	多	小坑林场、龙山林场
cx541	第一代种质	广西	丰产性较好	多	多	晚	晚	多	小坑林场、龙山林场
cx545	第二代种质	湖南（杂交种质）	丰产性较好	中	中	晚	晚	中	小坑林场
cx552	第一代种质	贵州	丰产性较好	多	多	中	中	多	龙山林场
cx560	第一代种质	贵州	丰产性较好	中	中	晚	晚	中	小坑林场
cx561	第一代种质	贵州	丰产性较好	多	多	早	早	多	小坑林场
cx569	第二代种质	广东（杂交种质）	丰产性好	多	多	早	早	多	小坑林场、龙山林场
cx570	第二代种质	广东（杂交种质）	丰产性较好	多	多	早	早	多	小坑林场、龙山林场
cx571	第二代种质	广东（杂交种质）	丰产性好	多	多	中	中	多	小坑林场、龙山林场
cx572	第二代种质	广东（杂交种质）	丰产性较好	多	多	中	中	中	小坑林场
cx573	第二代种质	广东（杂交种质）	丰产性好	多	多	中	中	多	小坑林场、龙山林场
cx574	第二代种质	广东（杂交种质）	丰产性好	多	多	早	早	中	小坑林场、龙山林场
cx575	第一代种质	广西	丰产性较好	多	多	中	中	多	小坑林场、龙山林场
cx576	第一代种质	广西	丰产性较好	多	多	早	早	多	小坑林场、龙山林场
cx577	第二代种质	广东（半同胞子代）	丰产性好	多	多	早	早	多	龙山林场
cx578	第二代种质	广东 × 湖南（杂交种质）	丰产性较好	多	多	早	早	多	龙山林场
cx579	第一代种质	福建	丰产性好	多	多	早	早	中	龙山林场
cx580	第二代种质	广东（杂交种质）	丰产性好	多	多	中	中	中	小坑林场
cx581	第二代种质	湖南（杂交种质）	丰产性较好	多	多	早	早	中	小坑林场、龙山林场

第二节　建园和管理

目前，广东杉木种子园建设主要集中在龙山林场国家级杉木良种基地和小坑林场国家级杉木良种基地。建园和管理技术具体包括对种子园园址选择、布局、规模、供种范围、种子园整地、定植（嫁接）密度、植穴规格和基肥、建园材料、配置设计及经营管理，包括除草松土、追肥、辅助授粉、树体管理、种子园保护、开花结实习性观察以及去劣疏伐等方面，具体可参照《杉木种子园营建技术规程》（DB44/T 1533—2015），以下主要针对具体技术提升的内容进行介绍。

一、建园技术的优化提升

在种子园亲本配置方面，创新使用基于 SRAP 标记的遗传距离排列法对种子园亲本优化调配。具体为，空间定向配置亲本，并采用顺序错位排列法对亲本进行排布，以实现遗传距离远的亲本优先邻位排布，提高远缘交配概率，促进种内杂种优势发生，降低遗传距离近亲本的交配概率，防止近交衰退发生。种子园杉木嫁接通常选择在春季（2~4 月）进行。为延长一年中杉木嫁接的时间段，提高杉木种子园的建设速度，采用杉木秋季嫁接的方法（10~11 月）。选取地径 4~6cm 的杉木植株作为砧木，留一轮侧枝作为营养枝，同时选择杉木优树树冠上部的生长健壮的 1 年生一级侧枝作为接穗，采用髓心形成层对接法嫁接穗条，并用胶带捆绑嫁接口和砧木切口，只露出接穗的顶端；随后将透明塑料袋套在接穗和嫁接口的上部，并在嫁接口底部将塑料袋与砧木捆扎固定，使接穗和嫁接口处于透明塑料袋内的密闭空间；越冬后，除去透明塑料袋。该方法大幅提高了杉木秋季嫁接成活率，成活率由原来的不足 30% 提高到现在的 90% 左右。同时采用了缩短杉木种子园建园时间的建园方法（授权发明专利，专利号 ZL201710317550.X），包括培育大营养袋杉木苗作为砧木定植、春季和秋季两次嫁接、大容器嫁接苗及时补植等，将传统的 4~5 年的建园时间缩短至 2.5~3 年，加快了种子园建园速度，提高了建园效率，且提高了嫁接的成活率（90% 以上），种子园母株大小均匀，林相整齐，易于管理。

二、种子园早实丰产稳产技术

集成种子园母株整形修剪、土壤诊断施肥、抚育管理、辅助授粉等措施，建立了种子园早实丰产稳产技术。

1. 母株整形修剪

（1）嫁接第一年整形修剪（图 3-1、图 3-2）：在 5~6 月对接穗新梢进行处理，对直立新梢生长约 20cm 以内无侧枝（分枝）的应尽早摘除或剪去顶芽诱发分枝作第一层主枝，以免定干过高；对直立正冠有两轮侧枝的则在上轮枝处摘除顶芽，同时疏除过多主枝（芽），注意上下错位每轮保留 3~4 条作第一层主枝用，为培养矮冠形树形打下基础；对偏冠株在 30~40cm 摘除或剪去顶芽，作为第一层的第一条主枝培养，适当疏除过密侧枝，促使嫁接口处萌生新梢以再培养中心干或另 1、2 条主枝，同时还可免去立杆绑扶工序。经春夏季树体管理和摘心、剪梢等措施后，到年底尚需继续对树体进行截顶、短截处理，促进树冠初步成形。此外，在冬季需疏除砧木上保留的营养枝，及时剪除砧木上的萌芽条。

图 3-1 杉木母株嫁接第 1 年夏季（5~6 月）整形修剪示例

图 3-2 杉木母株嫁接第 1 年冬季（12 月）整形修剪示例

（2）嫁接第二年整形修剪（图 3-3）：以嫁接第二年三种树形的整形修剪方法为例。第一类树形的整形修剪方法是在偏冠短截后基部抽生一条直立徒长枝，按双主枝结构进行整形及修剪（先培养第一层，暂不放第二层）。首先，对第一主枝（原偏冠枝）进行修剪，即选留一条枝作主延长枝，两侧各选留一条方位和角度较均匀的侧枝作副主枝并短截，疏除直立徒长枝和并生枝，但要注意尽量多保留中庸枝作辅养枝；其次，对第二主枝进行修剪，即选留一条角度和方位适宜的侧枝作主延长枝，并在该主延长枝上方截除中心干，两侧各选一条侧枝作副主枝并短截；最后，要疏除基部扰乱树形的徒长枝、过密枝和拖地裙枝完成修剪。第二类树形的整形修剪方法是对偏冠截顶后形成四主枝结构，因此先培养第一层为四主枝结构树形；首先，在直立徒长枝适当位置选留一条方位适宜的侧枝作主枝，然后截除直立徒长枝，对保留枝截顶并疏除同节位的并生枝；其次，对原偏冠截顶枝要进行处理，即先选留一条主延长枝，并在两侧各选留一条方位和角度适宜的侧枝作副主枝培养；对选留的主、副枝均进行截顶处理，然后再疏除直立徒长枝和并生枝；再次，第三主枝与副主枝进行培养，即疏除中间过密并生枝，对保留的主、副枝进行截顶；最后，采用同样方法选留第四主枝，并剪除拖地裙枝和扰乱树形的萌条。第三类树形（双层树冠）的整形修剪方法则是，对原偏冠枝短截以促生一条强壮徒长枝成为中心干，基部抽生有三条角度较小的轮生徒长枝，可因树造形，培养为主干双层结构树形。首先，将贴近主

图 3-3　杉木母株嫁接第二年冬季（12 月）整形修剪示例

干的并生枝撑开作第一主枝，将旁边一条过密徒长枝改造作为辅养枝，如有空间的还可曲枝作为结果枝培养；其次，短截第一主枝顶后，撑开第二主枝角度，并选留一外向侧枝作主延长枝后再进行短截处理；同样方法选留第三主枝的延长枝，疏除竞争枝和内向强枝；因保留作中心干枝的外侧有较大空间，可将中心干位置适宜的一条侧枝培养为第四主枝；并对较弱的主延长枝顶进行短截处理，以更新复壮主延长枝；再次，需对第二层主枝进行培养，即在中心干上错位选留与下层主枝间距约 1m 的第一条主枝，其上依次选留另两条主枝，三条主枝间隔 20~30cm，不要在同一节位上；最后，疏除竞争枝和影响主枝的枝梢，保留中庸枝作辅养枝培养，如主枝不够则从翌年的新梢补齐。

（3）嫁接第三年（试果期）树体的管理（图 3-4），保留一条侧枝作中心干延长枝，短截并控制高度，疏除过密阴弱枝，有的亲本需短截主枝，控制主枝结果。第三年母树进入结果初期，初结果母树修剪原则是轻剪长放，促进结果，有的亲本要注意控制主枝顶部结果状态。

图 3-4　杉木母株嫁接第三年夏季整形修剪示例

2. 土壤诊断施肥

种子园建园早期（1~5 年），采用简化的诊断施肥方式促进杉木种子园高产稳产，具体为：在较贫瘠的土壤上（平均有机质含量小于 2%），推荐的施肥方案为 6 月下旬每株母树施入一次有机肥 2.0kg、磷肥 0.5kg；在土壤肥力中等的土壤上（平均有机质含量 2.0%~3.5%），推荐的施肥方案为 6 月下旬每株母树施入一次有机肥 1.4kg、磷肥 0.5kg；在土壤肥力较好的土壤上（平均有机质含量大于 3.5%），推荐的施肥方案为 6 月下旬每株母树施入一次有机肥 1.0kg、磷肥 0.5kg。由于杉木生长和结实与林地土壤的结构、养分类型及其含量紧密关联，随时间推移，尤其是建园 6 年后，种子园母株树体营养需求与土壤养分供给平衡发生变化，因此有必要对园区土壤的物理和养分指标进行测定分析，进而为种子园土壤改良、施肥及提高结实量等方面提供依据。以小坑林场杉木种子园园区（建园 6 年）为例，采用在土壤 50cm 深切面处取土样混合表层腐殖质、表土层及心土层的方式，在种子园内代表性样地取土样，并对土壤物理、养分指标进行测定，结果显示，不同样地土壤样品物理与养分指标有所差异，但总体而言，种子园土壤为中、重壤，土壤质地 < 0.01mm 土粒含量约为 49.0%，土壤酸性较高（pH 值 =4.5），而有机质、全氮、全磷、全钾、碱解氮、有效磷、速效钾、交换性钙、交换性镁、有效铜、有效锌、有效铁及有效锰含量分别为 16.2g/kg、0.7g/kg、0.4g/kg、12.1g/kg、78.1mg/kg、0.2mg/kg、72.8mg/kg、35.1mg/kg、9.8mg/kg、0.2mg/kg、0.2mg/kg、3.8mg/kg、1.9mg/kg。以全国第二次土壤普查土壤养分分级标准为参照，对种子园进行了配方施肥，主要采用有机肥重点提高种子园土壤有机质含量，同时加大磷肥的施用量，以解决土壤有效磷含量极度偏低的问题，具体用量根据树体大小和结果量而定，推荐施有机肥 3～10kg、磷肥 0.5～1kg、硼肥 40～50g（表 3-2）。

表 3-2　小坑林场杉木种子园土壤物理、养分指标

样本位置	土壤类型	质地 <0.01mm 土粒（%）	pH 值	有机质（g/kg）	全氮（g/kg）	全磷（g/kg）	全钾（g/kg）	碱解氮（mg/kg）
样地 1	重壤	54.0	4.7	12.5	1.0	0.3	8.1	55.4
样地 2	中壤	43.0	4.7	18.8	0.2	0.5	21.8	86.0
样地 3	重壤	50.0	4.2	17.3	0.9	0.4	6.6	92.8
平均值	—	49.0	4.5	16.2	0.7	0.4	12.1	78.1

样本位置	有效磷（mg/kg）	速效钾（mg/kg）	交换性钙（mg/kg）	交换性镁（mg/kg）	有效铜（mg/kg）	有效锌（mg/kg）	有效铁（mg/kg）	有效锰（mg/kg）
样地 1	0.4	38.9	30.5	6.1	0.1	0.3	1.5	0.5
样地 2	0.1	103.7	37.2	15.0	0.4	0.2	4.8	3.1
样地 3	0.1	75.9	37.5	8.4	0.2	0.2	5.0	2.2
平均值	0.2	72.8	35.1	9.8	0.2	0.2	3.8	1.9

3. 抚育管理

在 1~2 月期间，可通过水平带全铲或坡面刀劈方式清除杂草（灌）和除萌。在 6~7 月期间，应进行全面割草，同时清除砧木萌条，并疏去过密枝、弱枝、干枯枝、内向枝、下垂枝、阴枝、病虫枝及受伤枝等。

4. 辅助授粉

在种子园开花结实初期或开花散粉期遇到阴雨天气时，应采取人工辅助授粉措施。

可从10~20个无性系植株或优树上收集花粉，在雌花授粉适宜时期的静风条件下喷洒；也可在雌花授粉适宜时期内，沿顺坡方向抖动树体，任其花粉自由飘散，或使用风力灭火机强行吹动花粉使其飘散，以达到人工辅助授粉目的；在10:00~12:00或14:00~16:00，开展辅助授粉效果最佳。

三、应用成效

上述种子园早实丰产稳产技术在广东省龙山林场和小坑林场具有较好的实施效果。其中，以龙山林场最具有代表性。龙山林场建有杉木精选高效种子园18hm^2（270亩），第1期2010年春完成（160亩），2012年随即投产，第2期2017年完成（110亩），2019年投产。经多年测产，精选高效种子园投产当年（第1期）单位面积种子产量36.45kg/hm^2，至2017年产种量达187.5kg/hm^2，此后产量趋于稳定，均在180kg/hm^{2}以上。值得一提的是，龙山林场采用了3m×3m高密度定植方式，并辅以高强度矮化管理与辅助授粉措施，措施到位，早实丰产稳产效果显著，解决了种子园的“大小年”难题。期间，龙山林场还获授权国家发明专利《一种促进杉木种子园高产稳产的方法》（ZL201610281320.8），这也是国内首件杉木种子园技术专利（图3-5）。

杉木精选高效种子园所产种子质量优。其中，龙山林场杉木种子质量可达到国家标准《林木种子质量分级》（GB 7908—1999）杉木种子质量分级的I级水平。精选高效种子园种苗造林后3年生幼树树高、胸径、单株材积遗传增益可比第二代种子园分别提高0.4%、5.57%、17.33%以上，遗传品质再次获得提升。

图3-5 龙山林场杉木精选高效种子园结实投产

Chapter 4

第四章

杉木种子调制及其苗木高效繁育

良种是发展现代林业的基础和关键。为满足社会对杉木良种的需求，我国南方各省份不断推进杉木种子园的建设，并在球果采收及种子调制、良种高效培育等方面形成了符合各地生产实际的技术方案与措施，确保了生产用种和造林苗木的质量。

第一节　种子设备化调制

随着社会经济的快速发展和技术水平的不断提高，传统林业生产方式已难以满足现代林业发展的要求（金东清，2001）。为提高林业生产能力，机械化生产或利用专业设备辅助林业生产与管理将成为趋势（刘明刚，2011；陈幸良，2013）。国家重点林木良种基地承担着我国林木种业科技示范的职责。近年来，各省份国家级杉木良种基地不断优化自身的科研与生产技术条件，尤其重视种苗生产设备的引进与消化吸收、应用。广东小坑林场国家级杉木良种基地在杉木种子设备化调制方面进行了有益探索并形成行之有效的一套方案。

一、杉木种子调制主要设备

球果烘干机。传统杉木球果烘干主要采用人工晾晒方式进行，不仅工作量大、人力成本高，同时受天气影响较大，往往因阴雨天气造成球果发霉、种子未脱便坐果发芽等现象，种子损失大。近年来，国内企业研发了系列球果烘干机，如南洋牌 MYH-28 型林木球果烘干机（简称“烘干机”），为杉木球果设备化烘干脱粒（种）提供了支撑。小坑林场国家级杉木良种基地目前装备的就是南洋牌 MYH-28 型林木球果烘干机，总容量 28m^3，箱体结构为全铝合金，箱体内部尺寸为 6.3m×2.2m×2.0m（长 × 宽 × 高），保温层厚度 80mm。箱体内设有 6 个堆放格，均由不锈钢材料制作，每格尺寸为 2.1m×1.0m×2.0m（长 × 宽 × 高）。堆放格各有 10 个层架，抽屉式设计，层架上下间隔 15cm，层架内有筛网，每个筛网为 2.0m×1.0m（长 × 宽），筛网孔径 2mm×2mm，确保种子不会掉出，每个层架可容纳球果 50kg。因林场常有断电情况，故在烘干机供能选择上采用了以球果废料为燃料的供能方式，经两年的测试与实践，MYH-28 型林木球果烘干机表现较为稳定（图 4-1）。

图 4-1　MYH-28 型林木球果烘干机

注：a 和 b 为整机，c 为层架，d 为盛满球果的堆放格。

球果脱籽设备。近年来，由江西省信丰县林木良种场研发的杉木球果快速脱籽设备（简称“球果脱籽机”）在小坑林场得到应用。该设备包括机架和盛料器两部分，机架前端为进料口，通过料斗连接倾斜设置的圆柱形滚筒，滚筒筒壁上均匀密集分布有直径为 0.8cm 的出籽孔。球果脱籽程序为将球果通过进料口进入到设备滚筒内，随后由电动机带动圆柱形滚筒快速旋转，球果间互相碰撞将种子弹出，之后种子从滚筒出籽孔中滤出到盛料器中，而球果壳则通过滚筒尾端出壳区两个 15cm × 10cm 的长方形出料口出料。该设备效率高，2h 即可完成 1000kg 杉木球果的种子收集工作（图 4-2）。

种子净化摇床。杉木种子净化摇床由小坑林场设计，主体包括底座和筛架两部分。底座为 190cm × 75cm × 70cm（长 × 宽 × 高）的铁架，铁架上面两侧设有角钢作为轨道。筛架 150cm × 73cm × 15cm（长 × 宽 × 高），下设有滚轴，与底座角钢轨道相接，可水平移动。为满足净重不同过程需要，筛架设有两种类型，一种配有 2mm × 2mm 孔径的筛网；另一种配有 5mm × 5mm 孔径的筛网。种子净化摇床结构简单，操作简便，实用性强（图 4-3）。

图 4-2　杉木球果快速脱籽设备

注：a 为整机，b 为进料口。

图 4-3　杉木种子净化摇床

注：a 为整机，b 和 c 为种子净化过程，d 为净化后的种子。

二、杉木种子调制

球果干燥脱种。一般为，将球果放入球果烘干机层架上，均匀摊开、球果叠放厚度不超过 10cm。新鲜球果须连续干燥 3 天，第一天处理温度 55~60℃，第二天 50℃，第三天 40~45℃。每天注意观察球果干燥情况，待球果果色干褐，有脱落种子即可。值得注意的是，烘干机每次能处理大约 3000kg 鲜球果；当烘干机室内温度达到设定温度时，要及时打开顶部排风口，直到球果出机后才关闭。经烘干机处理后，可将球果直接送入球果脱籽机中进行脱籽处理。但实际测试中发现，经球果脱籽机处理后种子杂物较多（主要为掉落的球果鳞片），给后期净化处理增加了难度。为此，建议先将烘干机处理后的球果置于干净的台面或地面，用竹耙等工具翻动、拍打球果，约 70% 的种子可从球果中脱出。随后收集种子，再将球果送入到球果脱籽机中强化处理，脱出剩余种子。经上述步骤后，对球果进行随机抽查，球果鳞片 15% 以上有未脱落种子则视为不合格，随机抽查球果 30 个，不合格率达 20% 以上时须对球果回收再处理，确保球果 85% 以上鳞片无附种。

净种。采用种子净化摇床（选用 2mm × 2mm 孔径的筛网）对种子进行初步筛选，主要为，将种子放至筛网上，来回推拉筛网除去种子中细小夹杂物，种子留于筛网上，而稍大的杂物如球果鳞片、针叶等则会浮于表层，便于清除。值得注意的是，球果烘干后，第一个步骤收集的种子杂物较少（未经球果脱籽机处理），而后经球果脱籽机处理的种子杂物较多，两批种子应分开净化。为提高种子净度水平，还需采用风选方式对上述净化后的种子进行深度净化，扬去与饱满种子重量不同的不符合要求的种子及夹杂物（图 4-4）。风选过程同样需要种子净化摇床，但选用 5mm × 5mm 孔径的筛网。一般选用工业级风扇为风源，固定风速后，根据风速调整净化摇床的位置与高度，随后慢慢将种子从编织袋中往筛网近风扇处扫动，让种子通过 5mm × 5mm 孔筛向地面处掉落。在一定风速下，饱满种子、空粒种子、杂物等因重量不同会在地面处形成 2~3m 长的种子带，而种子带中靠近风源 2/3 范围的种子通常净度较高，可收集备用。经净化后的种子还需下一步种子净度检验，要求净度不低于 90%。

图 4-4　杉木种子风选净化

注：a 为现场操作图例，b 为净化后的种子。

三、小　结

经多年的测试与实践，上述杉木种子设备化调制技术具有很好的应用效果。与传统方式不同，种子设备化调制不受天气情况影响，工作效率高，不同年度、不同批次种子质量尤其是净度差异较小。与此同时，人工成本被有效压缩，降低了种子生产成本。尽管如此，与农业相比，目前林木生产尤其是种子的调制机械化程度仍然较低，随着未来林业装备现代化的发展，应有一批更高效、更自动化的林木种子调制设备面世并应用到种子生产中。

第二节　良种壮苗的高效繁育

为满足种苗市场对杉木良种壮苗的需求，南方各省份不断推进杉木种子园的建设与种苗产业化生产工作。事实上，杉木育苗传统上以实生苗为主，各地林农对杉木实生苗的培育与应用认可度也较高，但不同企业和林农育苗技术差别较大，整体育苗质量不高。广东特别是北部地区（粤北）在杉木良种壮苗培育方面形成了一套行之有效的方案，现就此作一介绍。

一、杉木苗圃芽前除草剂

杉木种子育苗即实生苗培育具有操作简单、育苗量大、成本低等特点，是目前生产中最常采用的育苗方式，但育苗过程中需及时清除杂草。由于苗圃地杂草类型多、生长快、繁殖力强且数量大，传统人工除草方式难以满足大规模生产所需。化学除草不仅效果好、效率高，且成本相对较低，是实现规模化杂草防治的有效方法。芽前除草是苗圃化学除草最重要的方式，但芽前除草剂的选择与施用和苗圃地所在的生境条件尤其是杂草类型紧密相关。田间调查结果发现，粤北杉木苗圃杂草类型较多，包括马唐 [*Digitaria sanguinalis*（L.）Scop]、牛筋草 [*Eleusine indica*（L.）Gaertn.]、狗尾巴草 [*Setaria viridis*（L.）Beauv.]、小蓬草 [*Conyza canadensis*（L.）Cronq.]、车前（*Plantago asiatica* L.）、马齿苋（*Portulaca oleracea* L.）、莎草属（*Cyperus* L.）植物等种类。为筛选出适宜粤北地区杉木苗圃地的芽前除草剂，以具有芽前除草效果的除草剂果尔（乙氧氟草醚；有效成分含量 240g/L；乳油型）、乙草胺（有效成分含量 900g/L；乳油型）、金都尔（精异丙甲草胺；有效成分含量 960g/L；乳油型）等为基本试剂，采用正交设计法进行筛选适宜的除草剂组合。其中参试的除草剂果尔（A）、乙草胺（B）和金都尔（C）为因素，每个因素各取3个水平，同时独立施用各类型除草剂作为对比，共12个试验组（$A_1B_1C_1$、$A_1B_2C_2$、$A_1B_3C_3$、$A_2B_1C_2$、$A_2B_2C_3$、$A_2B_3C_1$、$A_3B_1C_3$、$A_3B_2C_1$、$A_3B_3C_2$、A_3、B_3、C_3）（表4-1）。每组试验设置3个小区，每个小区100m²。经测试发现，不同药剂（试验组2~12）的防治能力存在一定程度的差异。试验组7~10（包括：①果尔0.060mL/m²+金都尔0.090mL/m²；②果尔0.060mL/m²+乙草胺0.045mL/m²；③果尔0.060mL/m²+乙草胺0.090mL/m²+金都尔0.045mL/m²；④果尔0.060mL/m²）芽前除草效果最为显著，除草率均达到99%以上；试验组3~6次之，但除草效果也较为理想（除草率>95%）。值得注意的是，各试验组处理均未对杉木幼苗产生药害作用，除草有效期约为2.7个月，期间苗木顶梢、叶片、径干和根系等生长发育情况正常。结果还显示，经芽前除草后，单位面积杉木幼苗数皆高于对照，结合后期管理，1年生苗木75%达到国家标准《主要造林树种苗木质量分级》（GB 6000—1999）规定的I级苗标准（图4-5、表4-2）。

表4-1　正交试验因素水平　mL/m²

水平	因素		
	果尔（A）	乙草胺（B）	金都尔（C）
1	0.000	0.000	0.000
2	0.030	0.045	0.045
3	0.060	0.090	0.090

图4-5　杉木苗圃施用不同化学除草剂试验组合的芽前除草效果

注：a为杉木苗圃播种情况，b为试验组1（对照），c为试验组8，d为试验组2，e为试验组11，f为试验组12。

表 4-2　杉木苗圃各芽前除草剂试验组施用效果

试验组	药剂	单位面积杂草数量（株/m^2）			除草率（%）	单位面积杉木幼苗数（株/m^2）	苗木药害情况
		2月25日	3月17日	4月3日			
1（对照）	$A_1B_1C_1$	253	602	668	0	112	无
2	$A_1B_2C_2$	0	25	198	70.0	131	无
3	$A_1B_3C_3$	0	0	30	95.5	134	无
4	$A_2B_1C_2$	0	0	10	98.5	141	无
5	$A_2B_2C_3$	0	0	11	98.4	140	无
6	$A_2B_3C_1$	0	0	10	98.5	147	无
7	$A_3B_1C_3$	0	0	5	99.3	138	无
8	$A_3B_2C_1$	0	0	3	99.6	147	无
9	$A_3B_3C_2$	0	0	3	99.6	145	无
10	A_3	0	0	2	99.7	157	无
11	B_3	13	35	84	87.4	136	无
12	C_3	14	57	209	68.7	143	无

注：表中所示日期年份均为 2014 年。

鉴于杂草类型的多样性及可能产生的单一药品适应性，同时基于药剂成本估算，试验组 8 采用的药剂组合即 $A_3B_2C_1$（果尔 0.060mL/m^2+ 乙草胺 0.045mL/m^2）更适于杉木苗圃的规模化芽前除草。因此，2015 年采用该药剂组合对小坑林场国家杉木良种基地内 3.4hm^2 生产性杉木苗圃进行规模化除草，4 月 8 日随机调查（10 次重复）结果显示，每平方米圃地杂草数目仅有 2~3 株，表明芽前除草效果显著，与预期一致。另外，对芽前除草成本进行估算发现，采用该药剂组合进行化学除草（芽前除草），每公顷成本（除草剂药费 + 人工成本）仅为 480 元，而传统人工除草成本则需 7500 元，同时节约了大量的劳力（省工 95.2%），适于推广应用。

二、杉木良种壮苗培育技术

技术要点包括良种选择、选地与整地、基肥施用、播种、芽前除草、苗床管护、苗期管理等方面，具体如下。

良种选择。粤北地区杉木育苗主要供应广东省内及邻近省份杉木林区使用。按照适地适种原则，主要采用广东省审（认）定的杉木良种或国家审（认）定适宜广东推广应用的杉木良种为主要用种来源，种子质量要达到国家标准《林木种子质量分级》（GB 7908—1999）杉木种子质量分级的Ⅱ级水平以上。

选地与整地。山区育苗选坡度平缓、水源充足且土层深厚肥沃的林地，大面积育苗则宜选用水源充足、排灌方便的圃地（非基本农田用地）作为苗圃地，忌用黏重土壤和积水地、老菜地、育杉木多年的老圃地。杉木种子小，播种后带壳出土，破土能力较差，须细致整地。

基肥施用。如是新开的黄心土苗圃，第一步先使用挖掘机开成水平带并翻垦，翻垦后每亩撒施有机肥（有机质≥ 40%）0.5t、复合肥 [氮（N）、五氧化二磷（P_2O_5）、氧化钾（K_2O）的总含量 > 25%，其中 K_2O 含量≥4%]100kg；如是深厚肥沃的林地苗圃，每亩施复合肥 75kg 即可。施肥后人工充分碎土并拌匀，然后起成 1.2m 宽的畦。采用地势平坦、土壤肥沃、水源充足、排灌方便的圃地（非基本农田用地）作为苗圃地时，应提前半个月以上使用 41% 草甘膦异丙胺盐水剂除去杂草，而后使用中型拖拉机翻耕 2 次，并形成 1.2m 宽的畦；第 1 次翻耕后每亩撒施 75kg 复合肥、1kg 敌克松（70% 敌磺钠）以防治病虫害；而后实施第 2 次翻耕，充分碎土与拌匀，畦面耙平并除去禾头及杂物以备待用。畦面整平，表土细致、疏松。

播种。粤北地区播种最佳时间为一般每年 1 月、2 月，此时节播种则出苗早、扎根深、生长期长且具有较强的抗逆性。播种前须对种子进行消毒，即采用 0.5% 的高锰酸钾溶液浸泡 30min，然后倒去药液，用清水冲净药剂，待阴干后播种。播种方法主要有撒播和条播两种方式，但以撒播为主。每亩播种 3kg，播种后用过筛的黄心土或细沙土覆盖，厚度约 0.5cm，以不见种子为宜。因雨季或不可预料事宜错过播种月需推迟播种时，须对种子进行催芽处理。通常为将消毒后的种子浸泡在 50℃ 的温水中 24 小时，随后阴干、播种，或采用石灰拌种后播种。

芽前除草。化学除草不仅效果好、效率高，且成本相对较低，是实现规模化杂草防治的有效方法。采用芽前除草剂除草是苗圃化学除草最有效的措施之一。采用芽前除草剂配方“果尔 0.060mL/m^2+ 乙草胺 0.045mL/m^2”可达到较为理想的除草效果。药剂喷施一般在晴天实施，喷施至泥土略见湿润为宜。

苗床管护。传统做法是播种覆土后盖草，盖草常用的有芒萁和丝毛草，但因劳动力成本高且易引起虫害而不采用。可使用无纺布或遮阴网代替盖草。其中，无纺布可先直接覆盖在畦面上，而遮阴网需覆盖在预先安插好的拱形架上，两种方法皆可取得较好的覆盖效果，同时也有效保护了芽前除草剂药液层，并减少虫害及鸟类的啄食，还防止了异常天气尤其是晚霜对幼苗的冻害。无纺布使用寿命为 2 年，而遮阴网可长达 4 年。

苗期管理。播种后约一个月即可见种子发芽破土，待幼苗长出真叶，具有一定抗性且已无晚霜危害时，即可在阴雨天将无纺布和遮阴网撤除。撤除覆盖物后，对苗床幼苗密度进行调查、统计。如密度过高，则需及时间苗，一般育苗密度控制在 4 万株 / 亩以内（通常为 3 万株 / 亩）。间出的幼苗可补植到密度过低的苗床，或将其移植到新垦的苗床或容器袋中，避免浪费。苗期要重点对立枯病（猝倒病）等病害进行预防，可在撤除覆盖物后每隔 7 天需喷施 0.5% 的波尔多液 1 次，连施 3 次，同时需要观察并及时防治蝼蛄和地老虎等虫害等。需要注意的是，芽前除草约 2.7 个月后其药效基本丧失，此时有少量杂草出现，需人工拔除。拔除后，随即喷施芽前除草剂，可控制杂草的大量发生。切忌增加除草剂用量和喷洒次数，否则将产生药害。圃地喷施除草剂的同时，还需在水沟及苗圃地周边喷施 41% 草甘膦异丙胺盐水剂（200mL/ 亩）以降低草种来源，防止杂草大量发生。育苗期间，还需进行追肥，第 1 次追肥在 5 月进行，宜选择在阴天或晴天 16:00 后施用 0.5% 的尿素（含 N 46%）水肥；速生期（6~8 月）再追施 2~3 次浓度为 0.5% 的复合肥（N、P_2O_5、K_2O 的总含量 > 25%，其中 K_2O 含量≥4%）、水肥，如遇雨季则改为撒施（5kg/ 亩）。在水分管理方面，如育苗地为新垦苗圃尤其位于山地时，需增设喷灌系统，以应对干旱时节苗木水分的亏缺。10 月后，应控制水肥，防止苗木的徒长，同时促进其木质化。

小坑林场国家级杉木良种基地每年培育杉木苗木 300 万株以上，采用上述技术措施后，1 年生苗木 90% 达到国家标准《主要造林树种苗木质量分级》（GB 6000—1999）规定的杉木播种苗 I 级苗标准，70% 的苗木苗高、地径分别超过了 45cm 和 0.8cm，是 I 级苗标准的 1.3 倍以上，苗木品质受到林农和林业生产单位（林场和公司）的一致认可。

Chapter 5

第五章

杉木组培育苗

植物组织培养（简称“组培”）是快速繁殖植物新品种的最重要方法，始于19世纪后半期，在之后的100多年里蓬勃发展，有数以万计的植物品种实现了组培扩繁。组培育苗不仅可以保持母本材料的优良遗传特性，还具有缩短育苗周期、提高繁育效率等优点，因此繁育的优良品系对提高苗木遗传品质及质量具有重要意义。我国杉木组培育苗研究始于20世纪70年代，历经近50年的发展，在多个技术环节取得了关键突破。南方的一些杉木产区则充分利用组培技术实现了优良无性系的规模化甚至产业化生产，推动了杉木无性系林业的快速发展。广东在杉木组培育苗研究上紧跟世界浪潮，特别在关键技术的优化、规模化生产的节本增效方面进行了有益探索和实践，形成了技术优势。

第一节　组培基本体系及其增殖和生根技术的优化

组培是实现林木快速繁殖的有效手段，但不同树种适用的方法和体系各有不同。建立基本组培条件和程序，在此基础上根据杉木树种的特性、不同种质材料特性建立适用的组培方案和繁殖体系，对实现目标品系的规模化生产尤为关键。

一、组培基本条件和程序

为实现组培扩繁，首先应建立能够满足组培繁育的场所，具体空间大小和设施应根据科研或生产实际决定，其整体布局要按组培的流程来设计，一般包括洗涤室、准备室（培养基配制和灭菌及药剂等临时存储）、人员过渡消毒室、接种室、培养室、洗苗室等，各室排列应顺序单向设置。在此基础上，配置用于组培各环节需要的专业仪器设备、器材和用具，其中高压蒸汽灭菌锅、超净工作台以及智能控温、控湿、控光、控时系统必不可少。

组培基本步骤包括培养基的配制和灭菌、外植体选择和灭菌、接种诱导分化、增殖继代、壮苗生根等方面。

其中，杉木组培基本培养基主要采用MS培养基，而诱导分化、增殖继代、壮苗生根所用培养基配方因无性系（基因型）不同而有所差异。配制好的培养基要进行灭菌处理，主要采用高压蒸汽灭菌锅进行，一般在压力 1.1~1.2kg/cm^2、温度 121~125℃ 条件下灭菌 20min 即可。

通常选择杉木优良无性系植株基部幼嫩萌条做外植体，并做灭菌处理，具体为：去除所有叶片，剪取长 2~3cm 的半木质化茎段，用中性洗衣粉加少许吐温浸泡并振荡 3~5min，然后用自来水冲洗 10~15min；随后，在超净台上，将预处理过的外植体用 75% 的酒精溶液浸泡，轻轻振荡，30~50s 后倒出酒精，用无菌水冲洗 3~5 次，然后再用 0.5%~2.0% 的次氯酸钠溶液浸泡外植体 10~15min，轻轻振荡，倒出灭菌液后用无菌水冲洗 3~5 次。

在接种方面，接种前应打开操作间、缓冲间紫外灯灭菌 30min，关紫外灯 15~20min 后方可进入室内，而超净工作台也应提前 30min 打开通风机和紫外灯灭菌；随后，接种器械先用 75% 酒精擦拭，然后在电热灭菌器 150~250℃ 下灭菌 30s 以上，取出晾放 2min 以上备用；接种人员也应用 75% 的酒精仔细擦拭双手；在超净台上，一次取一瓶苗放于无菌碟子上，碟子离风窗 10~20cm，在碟子斜上方用手术刀和镊子分离丛芽，长度超过 3cm 的芽应切割为约 1.5cm 长的芽段，然后接种到 250mL 的培养瓶中。增殖培养每瓶接种 12~15 株单芽或 8~10 个丛芽，生根培养每瓶接种 10~12 株单芽，接种深度以芽苗不倒为宜。接种后，器械要进行灭菌。接种后，每个培养瓶接好苗后应及时盖上瓶盖，其松紧度以用手转不动为准。

杉木组培苗培养条件，其环境温度应控制在（25 ± 2）℃，相对湿度 50%~60%，光照强度 1500~3000lx，光照时间每天 12~16h。保持培养室清洁，每周应用 0.1% 新洁尔灭等消毒液抹地板、门窗等，还应打开紫外灯消毒 30min。

二、杉木组培增殖和生根技术的优化

选择杉木优良无性系植株基部萌条做外植体建立组培苗无菌体系，然后选择已 6 次继代培养的同一无性系的无菌苗为试验材料，随后开展植物激素对杉木组培苗增殖和生根的影响研究。其中，增殖培养试验所用培养基为“MS+ 琼脂 7g/L+ 蔗糖 30g/L”，在此基础上分别添加不同浓度的 NAA、IBA 或 6-BA，共有 15 个处理（表 5-1）。生根培养试验所用培养基为“1/2MS+ 琼脂 7g/L+ 蔗糖 25g/L”，在此基础上分别添加不同浓度的 NAA 或 IBA，共有 14 个处理（表 5-2）。选取生长一致的无菌组培苗，剪取长 1.5cm 带顶梢的芽段，接种到各个处理的培养基中。每瓶接种 15 株，每个处理 5 次重复。

表 5-1 增殖培养试验 mg/L

处理号	NAA	IBA	6-BA	处理号	NAA	IBA	6-BA	处理号	NAA	IBA	6-BA
1	0	0	0.3	6	0	0.05	0.3	11	0.1	0	0.1
2	0.05	0	0.3	7	0	0.1	0.3	12	0.1	0	0.3
3	0.1	0	0.3	8	0	0.3	0.3	13	0.1	0	0.5
4	0.3	0	0.3	9	0	0.5	0.3	14	0.1	0	0.7
5	0.5	0	0.3	10	0.1	0	0	15	0..1	0	1.0

表 5-2 生根培养试验 mg/L

处理号	NAA	IBA	处理号	NAA	IBA
1	0	0	8	0.3	0
2	0	0.1	9	0.5	0
3	0	0.3	10	0.7	0
4	0	0.5	11	1.0	0
5	0	0.7	12	0.7	0.5
6	0	1.0	13	0.7	0.3
7	0.1	0	14	0.7	0.1

由图 5-1、图 5-2 可知，在基本培养基及 6-BA 浓度不变的情况下，苗高和苗鲜重均有随 NAA、IBA 浓度增加呈先增加后减少的趋势。其中，添加 NAA 时，苗高以浓度 0.1mg/L 的最高，均值为 3.05cm，浓度 0.5mg/L 的最低，但所有浓度下苗高均与 0mg/L（2.86cm）的差异不显著。各处理的苗鲜重均值变幅为 0.17~0.32g，以添加 NAA 0.3mg/L 的最大，0.5mg/L 的最小，但所有浓度苗鲜重均与 0mg/L 的差异不显著。添加不同浓度 IBA 处理的苗高均值变幅为 3.11~4.97cm，其中添加浓度 0.3mg/L 的苗高显著高于 0~0.1mg/L 的，其他浓度与 0mg/L 的差异不显著;各处理的苗鲜重均值变幅为 0.25~0.33g，各处理间及各处理与 0mg/L 处理的差异均不显著。在基本培养基及 NAA 浓度不变的情况下，添加不同浓度 6-BA，苗高均值变幅为 3.05~4.25cm，有随浓度增加而下降的趋势，在 6-BA 浓度为 0.1~1.0mg/L 间差异不显著，但均显著低于 0mg/L 的苗高（5.66cm）;各处理的苗鲜重均值变幅为 0.25~0.32g，各浓度间及各浓度与 0mg/L 的苗鲜重（0.30g）差异均不显著。此外，苗高和苗鲜重均以只添加 NAA（0.1mg/L）不添加 6-BA（0mg/L）

的处理优于只添加 6-BA（0.3mg/L）不添加 NAA（0mg/L）的处理，说明适宜浓度的 NAA 比 6-BA 更利于杉木苗高生长及生物量积累。

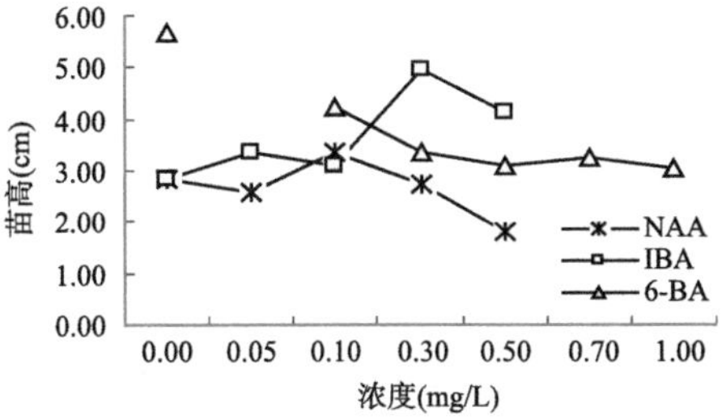

图 5-1　不同激素及浓度对苗高的影响

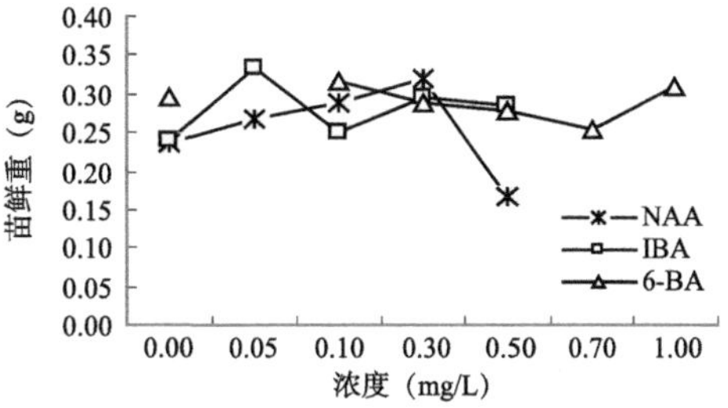

图 5-2　不同激素及浓度对苗鲜重的影响

由图 5-3、图 5-4 可知，在基本培养基及 6-BA 浓度不变的情况下，萌芽数随 NAA、IBA 浓度增加呈先增加后减少的趋势，芽长随 NAA 浓度增加而减少，随 IBA 浓度增加呈先增加后减少的趋势。其中，添加不同浓度 NAA 处理的芽数均值变幅为 0.30~2.86 个 / 株，浓度为 0.05mg/L 的芽数最大，显著高于 0mg/L 的芽数，而 0.3mg/L、0.5mg/L 处理下的芽数显著低于其余处理；各处理的芽长均值变幅为 0.08~0.89cm，除 0.05mg/L 处理外，其余处理的芽长均显著低于 0mg/L 处理下的芽长（0.92cm）。添加不同浓度 IBA 处理的芽数均值变幅为 1.36~2.61 个 / 株，也以 0.05mg/L 处理下的最高，显著高于 0.1mg/L 和 0.5mg/L 处理下的芽数，但各处理与 0mg/L 的差异不显著；各处理间芽长差异不显著，均值变幅为 0.71~1.00cm。在基本培养基及 NAA 浓度不变的情况下，添加不同浓度 6-BA 处理的芽数均值变幅为 1.61~2.41 个 / 株，有随浓度增加而增加的趋势，且所有处理的芽数都显著高于 0mg/L 处理下的（0.36 个），又以 1.0mg/L 处理下的最高；各处理间芽长差异不显著，其变幅为 0.54~1.06cm。另外，芽数和芽长均以只添加 6-BA（0.3mg/L）不添加 NAA（0mg/L）的处理优于只添加 NAA（0.1mg/L）不添加 6-BA（0mg/L）的处理，说明适宜浓度的 6-BA 比 NAA 更利于杉木苗芽的分化和生长。

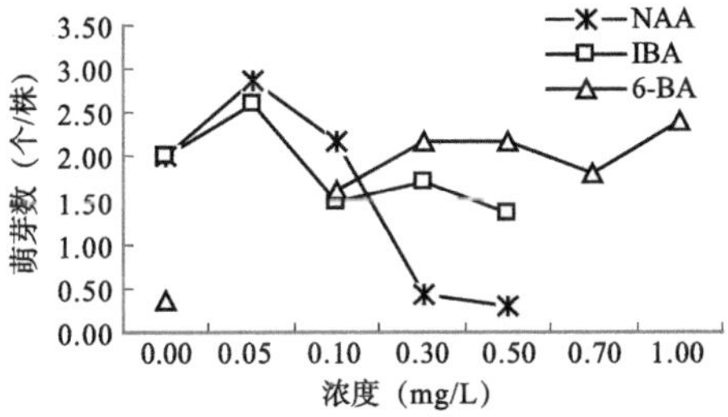

图 5-3　不同激素及浓度对萌芽数的影响

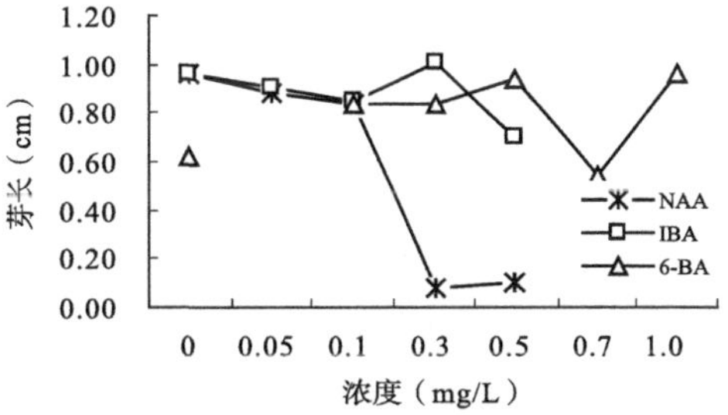

图 5-4　不同激素及浓度对芽长的影响

杉木组培苗生根培养时激素浓度对苗高和苗鲜重的影响见图 5-5、图 5-6。在基本培养基不变时，添加 0.1～1.0mg/L 的 NAA 或 IBA 苗高均显著高于 0mg/L 的，其中 NAA 处理苗高增幅为 25.38%～49.01%，以 0.3mg/L 处理下的最高，均值为 4.26cm，IBA 处理下的苗高增幅为 60.77%～125.31%，以 1.0mg/L 处理下的最高，均值 5.86 cm，显著高于其他处理。苗鲜重在 0.1～1.0mg/L 的 NAA 或 IBA 处理间无显著差异，但均显著高于 0mg/L 处理下的苗鲜重，其中 NAA 处理苗鲜重增幅为 18.95%～26.32%，以 0.7mg/L 的最高，IBA 处理苗鲜重增幅为 53.33%～81.67%，以 0.5mg/L 的最好。添加 0.7mg/L 的 NAA 和 0.1～0.5mg/L 的 IBA 处理间苗高有极显著差异，其中添加 0.7mg/L NAA 和 0.1mg/L IBA 的处理显著高于其余处理，而苗鲜重在各处理间差异不显著。

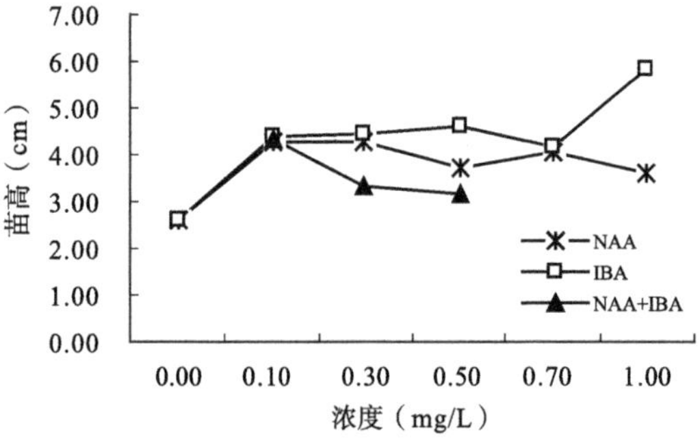

图 5-5　不同激素及浓度对生根苗高的影响

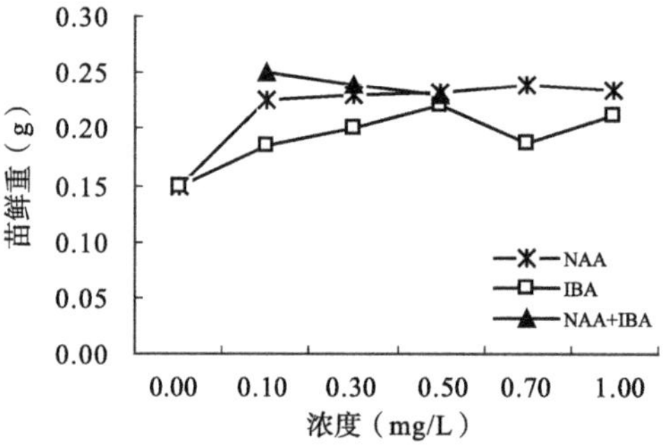

图 5-6　不同激素及浓度对生根苗鲜重的影响

由图 5-7 可知，生根率在添加 0.1～1.0mg/L 的 NAA 和 IBA 处理间均无显著差异，其中 NAA 各处理均显著高于 0mg/L 处理，又以 0.1mg/L 处理下的最好；IBA 除 0.1mg/L 外，其余处理均显著高于 0mg/L 处理，又以 0.7mg/L 处理下的最好。添加 0.7mg/L 的 NAA 和 0.1～0.5mg/L 的 IBA 处理间生根率无显著差异，其均值变幅为 20.00%～31.67%。根数量在添加 0.1～1.0mg/L 的 NAA 处理间无显著差异，除 1.0mg/L 外，其余处理均显著高于 0mg/L 处理下的。IBA 各处理的根数量有极显著差异，其中 0.5～1.0mg/L 处理显著高于 0mg/L 处理的，0.1mg/L、0.3mg/L 处理的与 0mg/L 处理的差异不显著。添加 0.7mg/L 的 NAA 和 0.1～0.5mg/L 的 IBA 处理间的根数量无显著差异（图 5-8）。

根长在添加 0.1～1.0mg/L 的 NAA 处理间无显著差异，除 1.0mg/L 外，其余处理均显著高于 0mg/L 处理下的，又以 0.7mg/L 处理为最高，均值为 0.98cm（图 5-9）。添加 0.3～1.0mg/L 的 IBA 处理根长显著高于 0mg/L 和 0.1mg/L 处理下的，以 0.7mg/L 的最好，均值为 1.18cm。添加 0.7mg/L 的 NAA 和 0.1～0.5mg/L 的 IBA 处理间根长无显著差异，均值为 0.54～0.68cm。根鲜重在添加 0.1～1.0mg/L 的 NAA 处理间无显著差异，其

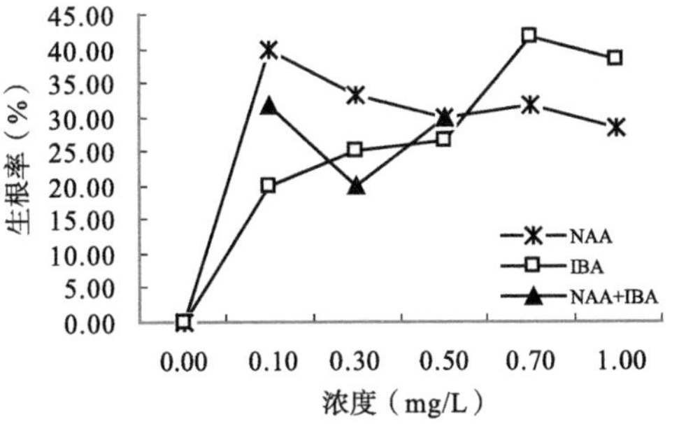

图 5-7　不同激素及浓度对生根率的影响

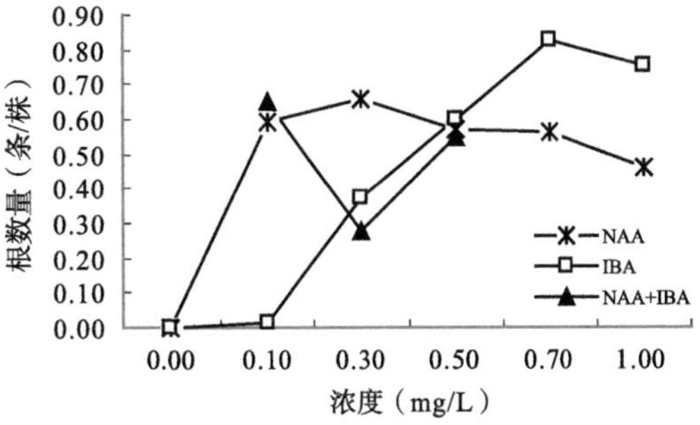

图 5-8　不同激素及浓度对根数量的影响

中 0.3~0.7mg/L 处理下的显著高于 0mg/L 处理下的，均值为 0.0023~0.0047g（图 5-10）。添加 0.3~1.0mg/L 的 IBA 处理根鲜重无显著差异，其中 0.5mg/L 处理下的显著高于 0mg/L 和 0.1mg/L 处理下的。添加 0.7mg/L 的 NAA 和 0.1~0.5mg/L 的 IBA 处理间的根鲜重差异不显著。此外，由图 5-7~ 图 5-10 还可知，同一浓度范围内，NAA 和 IBA 的最佳促根浓度不同，且 IBA 的最佳浓度处理的生根率、根数量、根长与根鲜重均优于 NAA 各浓度处理及 NAA 与 IBA 的组合处理。

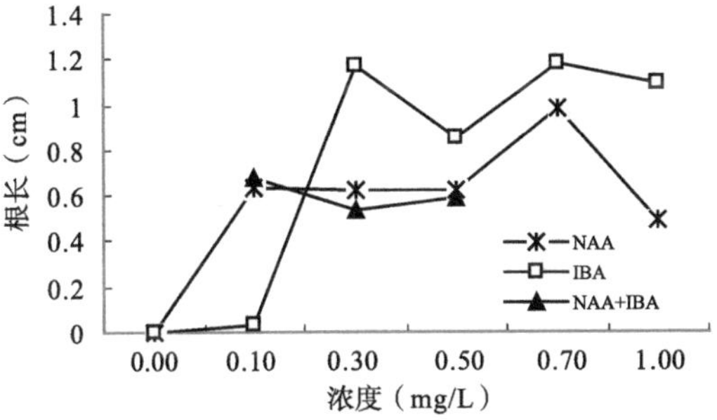

图 5-9　不同激素及浓度对根长的影响

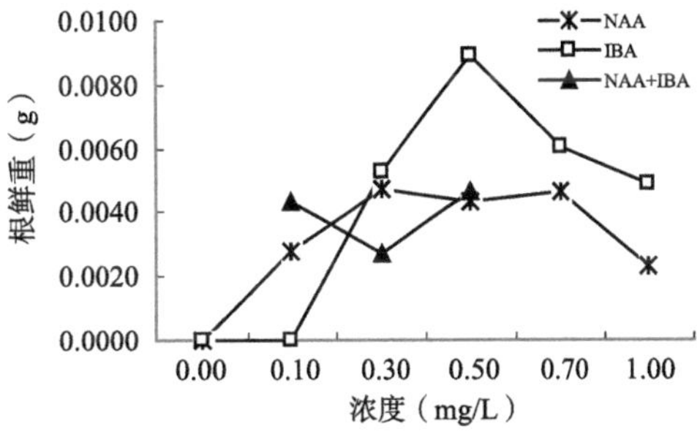

图 5-10　不同激素及浓度对根鲜重的影响

对增殖培养及生根培养不同处理的苗木性状指标进行主成分分析，按累积贡献率 >85% 选取主成分（表 5-3）。增殖培养的第一主成分中 X3、X4 的系数较大，反映出第一主成分为芽的综合因子；第二主成分中 X1 的系数最大，为苗高的综合因子，此外，X2 在第一及第二主成分中的系数均较大，表明苗鲜重对增殖培养中的苗木质量也有重要贡献；第三主成分的 X4 系数较大，是芽长的综合因子。生根培养的第一主成分中，X3、X5、X6 的系数较大，反映出第一主成分是根性状指标的综合因子；第二主成分中 X4 系数最大，且其在第一主成分中的系数也较大，说明根数量对生根培养的苗木质量有重要贡献；第三主成分 X2 系数较大，为苗鲜重的综合因子。

表 5-3　主成分负荷量

指标变量	主成分					
	增殖培养			生根培养		
	Y1	Y2	Y3	Y1	Y2	Y3
X1	0.323	0.719	0.427	0.384	−0.596	−0.158
X2	0.504	0.349	−0.762	0.334	0.264	0.826
X3	0.510	−0.567	−0.097	0.448	−0.284	0.268
X4	0.615	−0.200	0.478	0.350	0.682	−0.318
X5				0.466	−0.081	−0.236
X6				0.448	0.150	−0.254
特征根	2.100	1.276	0.528	3.821	0.756	0.727
贡献率	0.525	0.319	0.132	0.637	0.126	0.121
累积贡献率	0.525	0.844	0.976	0.637	0.763	0.884

注:增殖培养时 X1 为苗高, X2 为苗鲜重, X3 为芽数, X4 为芽长。生根培养时 X1 为苗高, X2 为苗鲜重, X3 为生根率, X4 为根数量, X5 为根长, X6 为根鲜重。

由此可见，培养基中 6-BA 与 NAA、IBA 的比例适宜时能明显促进杉木组培苗生长和芽分化，适宜浓度的 IBA 比 NAA 更利于根的形成和生长，但激素浓度过高会对苗木生长起到抑制作用。苗木质量主成分分析表明，在增殖培养时，应选择利于芽分化和生长的培养基，生根培养时，应选择利于生根率、根数量、根长等的培养基，以“MS+NAA 0.05mg/L+6-BA0.3mg/L+ 琼脂 7g/L+ 蔗糖 30g/L”为较适宜的增殖培养基，以“1/2MS+ IBA 0.7mg/L+ 琼脂 7g/L+ 蔗糖 25g/L”为较好的生根培养基，这两个培养基配方具有较好的广适性。

三、研发发明专利

现有的杉木组培技术普遍存在生产成本高、育苗成效低等问题，尚未有高效经济的组织培养方法作支撑建立优质苗木生产基地，加上现有种子园产量不足，导致杉木人工林良种苗木供不应求，生产用种遗传品质良莠不齐，如何经济、快速繁育新一代良种迫在眉睫。单纯依靠杉木现有组培苗生根和炼苗技术进行苗木繁育周期长、移栽成活率低。为此，研究组研发了《杉木组培苗生根培养和炼苗的方法》(ZL20160755011.X) 专利技术，目的是提供一种缩短杉木组培苗生根和炼苗时间的配套方法 (图 5-11)。采用常规方法，平均生根率89%，平均移栽成活率小于50%，苗木生根时间为25~45天，炼苗时间为15~20天，生根加炼苗流程耗时总计40~65天。采用《杉木组培苗生根培养和炼苗的方法》（ZL20160755011.X）专利技术，平均生根率92%，移栽成活率提高至82%，生根加炼苗流程缩短至30~45天。

图5-11　主要技术能力流程

《杉木组培苗生根培养和炼苗的方法》（ZL20160755011.X）专利技术主要通过如下方案实现：

（1）生根时间：选择每年8月至翌年2月期间进行杉木组培苗生根培养；

（2）生根苗选择：在进行增殖培养的杉木组培芽苗中，选择长度超过3cm、生长健壮、叶色浓绿的芽苗作为生根培养材料；

（3）生根接种：在超净工作台上，剪取步骤（2）所述芽苗顶梢向下长2.5~3.0cm的部分，插入已备好生根培养基的玻璃培养瓶中，培养瓶的容积为240mL、高90mm、口径62mm，每瓶接种苗木12~15株，加盖塑料密封盖；

（4）无菌培养室生根培养：把接好生根苗的培养瓶放入无菌培养室中培养，温度控制在（25±2）℃，相对湿度50%~60%，保持室内环境清洁，并在每天中午和晚上工作人员下班后分别打开紫外灯消毒30min；生根苗首先进行3~5天的暗培养，然后进行15~20天的光培养，光照强度1500~3000lx，光照时间每天12~16h，当苗木基部形成肿胀的愈伤组织或者刚刚冒出小白点样的根系时，即可对苗木进行生根培养加封盖炼苗；

（5）生根培养加封盖炼苗：在塑料大棚内或者玻璃房内进行，采用自然光照和空气湿度，单层摆放苗木，使每瓶苗都有自然光照射；9~11月，需在棚（房）上加盖70%~75%的遮阴网，并打开门窗保持空气对流，温度控制在（30±5）℃；12月至翌年2月间，应去除遮阴网，并关闭门窗，温度控制在（25±5）℃；生根培养加封盖炼苗10~15天后，苗木根系长0.5~1.0cm时，进行开盖炼苗；

（6）开盖炼苗：在步骤（5）所述棚（房）内，于16:00后，对封盖炼苗后的生根苗木打开培养瓶盖子，注入自来水，水面超过培养基表面0.5~1.0cm，开盖炼苗2~5天后可进行移栽；棚（房）的光照和温度管理措施同步骤（5）所述；

（7）出苗移栽：将步骤（6）的开盖炼苗后的生根苗木从瓶子中取出，用自来水清洗干净苗木基部的培养基，晴天移栽应在16:00后进行，阴雨天可全天移栽，清洗后的苗木要在当天全部移栽完。

第二节　组培苗的瓶外生根

组培苗瓶外生根是组培苗瓶内快速增殖技术与瓶外扦插技术的有机结合，也是组培苗生根和驯化过程的有效重叠，可以达到提高生产效率、降低生产成本和缩短育苗周期的多重目标（何振革 等，2017；肖玉菲 等，2018）。在杉木组培苗瓶外生根方面，福建省林业科技试验中心的高小坤（2006）曾以杉木优良品种为材料经生根培养基诱导后进行瓶外移栽并侧重于生根促进剂和基质种类的筛选。而何振革等（2017）在杉木种子园混系材料培养的组培无根继代苗移栽技术方面也做了报道。本节主要介绍不同植物生长调节剂和基质种类及其处理方式对杉木无性系组培芽苗瓶外生根和成苗质量的作用效果，以及应用效果较好的瓶外生根方案。

一、不同植物生长调节剂对杉木无性系组培芽苗瓶外生根的影响

以广东省林业科学研究院选育的杉木大径材无性系TL5号为材料。利用TL5号无性系植株基部萌芽为组培外植体获得无菌组培苗。选择继代培养30天的无根芽苗在塑料大棚内进行封盖炼苗，光源为自然散射光，温度为25~30℃。封盖炼苗15天后，打开瓶盖炼苗，开盖后及时注入清水，水面高出培养基表面1cm左右。开盖炼苗1天后，选择长度超过3cm、生长健壮、叶色浓绿的芽苗作为瓶外生根的材料。由此开展不同

植物生长调节剂对杉木无性系组培芽苗瓶外生根影响的试验研究，试验采用正交设计 $L_9(3^4)$，试验因子包括植物生长调节剂种类（A），即 IBA、NAA、ABT1#，植物生长调节剂浓度（B），即 100mg/L、200mg/L、400mg/L 和浸泡时间（C），即 0.5h、1.0h、1.5h，不考虑因素间的交互作用，以经过炼苗处理的继代无根芽苗为材料进行瓶外移栽（表 5-4）。移栽前，根据试验设置用不同植物生长调节剂组合对芽苗基部进行浸泡处理，然后移栽入带有盖子的育苗盒中。育苗盒长 × 宽 × 高为 187mm × 145mm × 110mm，育苗穴深 5.5cm，每盒 12 穴。育苗基质由 40% 泥炭土、20% 珍珠岩和 40% 蛭石组成。移栽前一天，用 0.2% 高锰酸钾溶液淋透育苗基质进行灭菌消毒。每穴种植一株苗木，每个处理设置 3 个重复，每个重复 3 个育苗盒，即 36 株苗。由正交试验极差分析结果可知，各因素对生根率和根数量的影响主次顺序为植物生长调节剂浓度（B）> 植物生长调节剂种类（A）> 浸泡时间（C），表明植物生长调节剂浓度是对生根率和根数量影响最大的因素，其次是植物生长调节剂种类，浸泡时间的影响相对较小（表 5-5）。各因素不同水平的平均值比较结果显示，用 100mg/L IBA 溶液浸泡芽苗基部 1h 的处理方式将能获得最优的生根率和根数量。对正交试验筛选出的因素优组合进行验证试验，即用 100mg/L IBA 溶液浸泡 1h 的方式处理杉木无性系组培继代芽苗然后进行瓶外生根，结果表明，平均生根率为 89.56%，每株苗木的平均根数量为 4.26 条。

表 5-4　$L_9(3^4)$ 正交试验设计方案

试验号	植物生长调节剂种类	植物生长调节剂浓度（mg/L）	浸泡时间（h）
1	IBA	100	0.5
2	IBA	200	1.0
3	IBA	400	1.5
4	NAA	100	1.0
5	NAA	200	1.5
6	NAA	400	0.5
7	ABT1#	100	1.5
8	ABT1#	200	0.5
9	ABT1#	400	1.0

表 5-5 植物生长调节剂对杉木无性系组培芽苗瓶外生根的影响

因素	生根率		根数量	
	极差	最佳水平	极差	最佳水平
A	24.77	IBA	1.23	IBA
B	26.56	100mg/L	2.23	100mg/L
C	23.17	1.0h	1.00	1.0h

二、不同基质对杉木无性系组培芽苗瓶外生根率和苗木生长的影响

采用单形重心混料实验设计 {4，3}，对 4 种育苗基质进行不同比例配比组合，以红心土为对照基质（CK），开展不同基质对杉木无性系组培芽苗瓶外生根率和苗木生长影响的研究（表 5-6）。试验采用随机区组设计，每个处理 3 次重复，每个重复 30 株芽苗。所用芽苗（继代无根芽苗）扦插到不同基质前均已炼过苗并经 100mg/L IBA 溶液浸泡 1h 处理过。移栽（扦插）2 个月后，不同基质配方中，移栽生根率存在显著差异，其中 12 号配方的移栽生根率最高，为 89.82%，比对照提高 71.64%；其次是 7、13、14 号配方，苗木生根率为 66.03%~79.91%，而 2、3、6、8、11 号配方生根率较低，仅为 23.48%~39.21%，明显低于对照。苗高、地径和干物质质量 3 个生长指标在不同配方间存在差异，但在不同的移栽时间里，这种差异有所不同。在移栽 6 个月后，以 5、10、11、12、13 号配方苗木总体生长较好，苗高为 12.93~14.57cm。移栽 12 个月后，则以 14 号配方苗木总体表现最好，1、7 号配方次之，3 个配方的苗高分别为 29.77cm、20.97cm、23.80cm，分别比对照提高 81.19%、27.63%、44.86%；2、3、8 号配方苗高生长较差，其余配方与对照差异不显著（图 5-12）。

表 5-6 不同育苗基质的成分及体积比

配方号	泥炭土	珍珠岩	红心土	蛭石	配方号	泥炭土	珍珠岩	红心土	蛭石
1	1	0	0	0	8	0.20	0.40	0.40	0
2	0.20	0.80	0	0	9	0.20	0.40	0	0.40
3	0.20	0	0.80	0	10	0.20	0	0.40	0.40
4	0.20	0	0	0.80	11	0.46	0.27	0.27	0
5	0.60	0.40	0	0	12	0.46	0.27	0	0.27
6	0.60	0	0.40	0	13	0.46	0	0.27	0.27
7	0.60	0	0	0.40	14	0.20	0.27	0.27	0.26

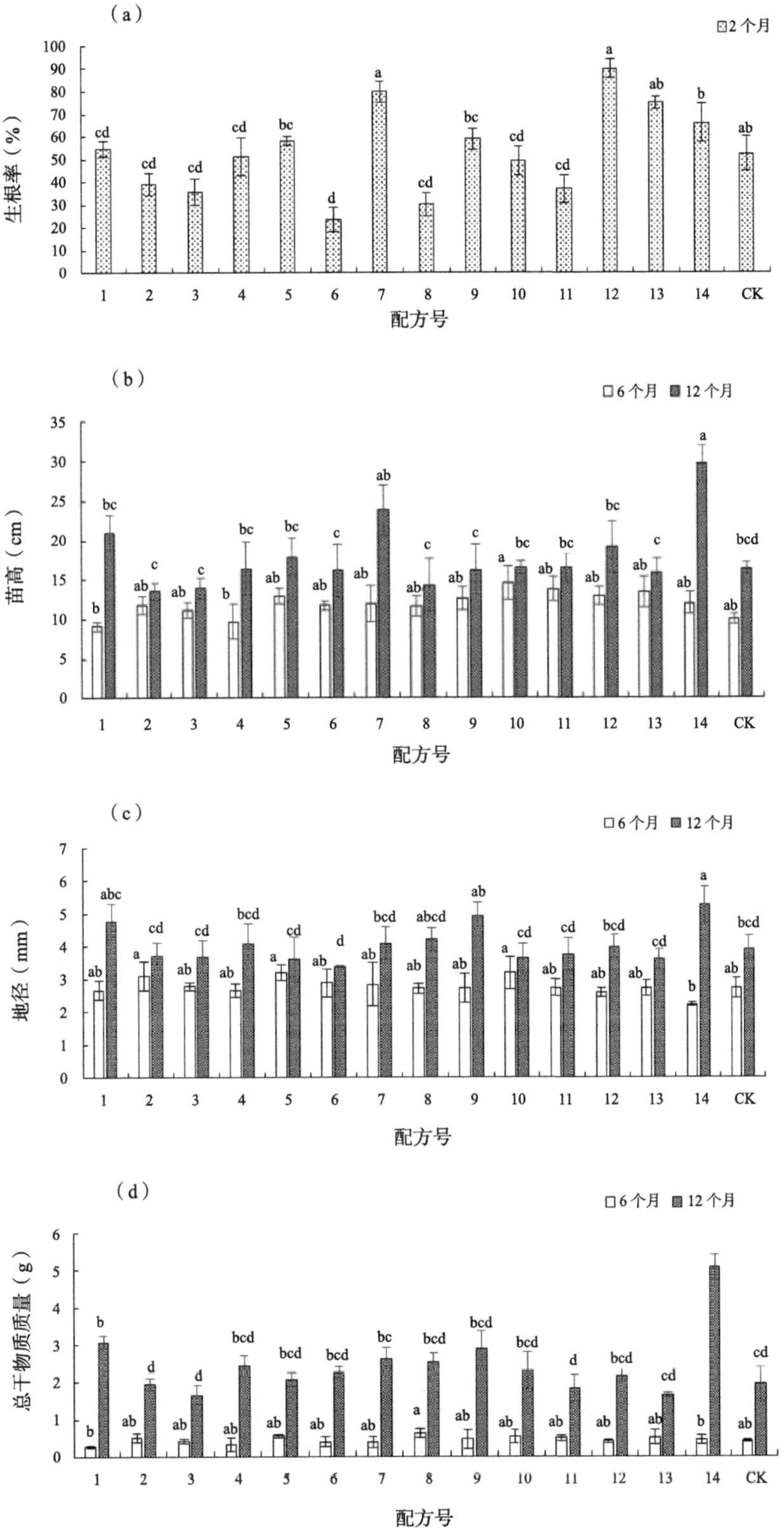

图 5-12　不同基质配方对瓶外生根率及苗木生长的影响

三、不同基质对杉木无性系瓶外生根组培苗根系形态的影响

苗木根系形态参数在不同基质配方中存在较大差异，而且在不同移栽时间里，根系形态的变化模式不同。在移栽6个月时，苗木根系形态参数只在少数配方间存在显著差异，其中2号和5号配方的苗木根系总体表现较好；移栽12个月后，根系形态参数在多数配

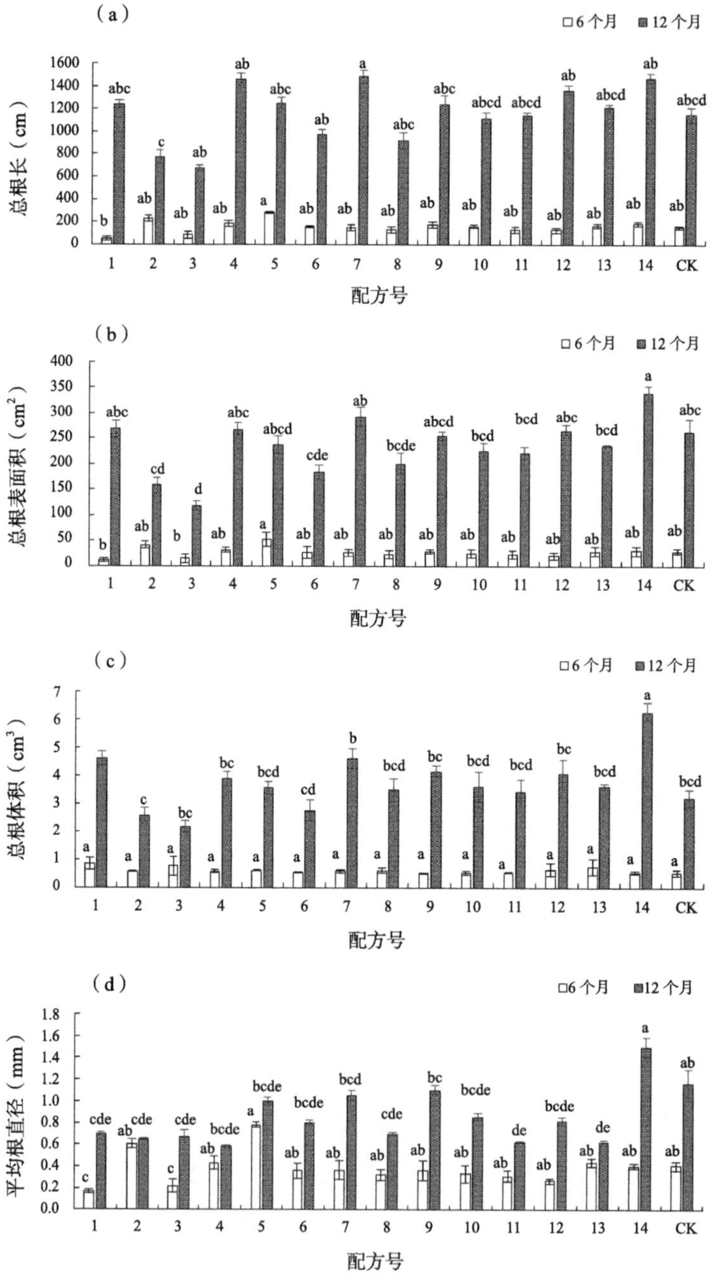

图 5-13　不同基质配方对瓶外生根组培苗根系形态的影响

方间差异明显，总体上以 1、4、7、12、14 号配方中苗木根系生长较好，又以 7 号和 14 号配方最好，其总根长分别比对照提高 29.41%、28.31%，总根表面积分别提高 11.37%、29.16%、总根体积分别提高 44.97%、97.17%；根系总体生长较差的配方为 2、3、6、8 号，4 个根系形态参数均明显低于对照，其余配方与对照差异不明显（图 5-13）。

四、杉木无性系瓶外生根组培苗质量综合评价

利用不同基质中杉木无性系瓶外生根组培苗的生长性状、根系形态参数等 8 个性状指标的标准化数据做主成分分析。前 3 个主成分累积贡献率为 91.38%，已能够反映所有指标的绝大多数信息。第一主成分的贡献率较大（70.91%），对应较大特征向量的评价指标为总根长、总根表面积、总根体积、苗高、地径和总干物质质量，可统称为苗木生长因子；第二主成分对应较大特征向量的评价指标为生根率，可称为苗木存活因子；第三主成分对应较大特征向量的评价指标为平均根直径，可称为根系形态因子。由此可知，总根长、总根表面积、总根体积以及平均根直径等根系形态参数是评价杉木无性系瓶外生根组培苗质量的重要形态指标，同时苗高、地径、干物质累积量以及苗木生根率等也是不容忽视的质量指标（表 5-7）。

表 5-7　杉木无性系瓶外生根组培苗质量综合评价主成分载荷矩阵

指标	第一主成分	第二主成分	第三主成分
总根长	0.349	0.422	−0.186
总根表面积	0.393	0.205	−0.089
总根体积	0.410	−0.024	−0.221
平均根直径	0.311	−0.240	0.831
苗高	0.388	−0.048	0.155
地径	0.332	−0.371	−0.394
干物质累积量	0.358	−0.456	−0.114
生根率	0.265	0.611	0.163
贡献率（%）	70.91	14.05	6.41

依据主成分分析结果可知，8 个苗木性状指标均与杉木无性系瓶外生根组培苗的质量有密切关系。因此，取所有性状指标隶属函数值 $R(\chi_i)$ 的平均值（$\bar{R}$）作为不同基质配方苗木综合质量的评价指标，平均值越大，表示苗木综合质量越好。由表 5-8 可知，有 10 个配方的 $\bar{R}$ 值优于对照，排前 5 名的依次是 14、7、1、12、4 号配方，这些配方

中均含有泥炭土、蛭石，同时均不添加或少量添加珍珠岩和红心土，苗木综合质量较好。$\bar{R}$值较低的配方为3、2、6、8号，这些配方中均没有添加蛭石，而且配方中珍珠岩或红心土的添加量较大，体积占比为0.40~0.80，苗木综合质量相对较差。进一步分析发现，红心土和珍珠岩体积占比分别为0.27的11号配方，以及珍珠岩或红心土体积占比分别为0.40的5号和10号配方，其$\bar{R}$值也较低。

表5-8　瓶外生根组培苗性状指标隶属函数值

配方号	$\bar{R}$	排名	配方号	$\bar{R}$	排名	配方号	$\bar{R}$	排名
1	0.63	3	6	0.24	13	11	0.37	10
2	0.23	14	7	0.64	2	12	0.57	4
3	0.16	15	8	0.34	12	13	0.46	7
4	0.54	5	9	0.53	6	14	0.84	1
5	0.40	8	10	0.38	9	CK	0.36	11

第三节　组培苗育苗轻基质配方优化

轻基质容器苗因其苗木质量好、根系发达、总体质量轻等特点，已在多种造林树种中得到广泛应用，也成为现代林木工厂化育苗的一个发展趋势。为此，以杉木无性系组培苗为材料（已经过生根培养45~50天，根长1.0~1.5cm的组培苗），采用单形重心混料实验设计{4，3}（参试配方14个），对不同育苗基质种类（泥炭土、珍珠岩、椰糠、蛭石）和配比的育苗效果做较为系统的比较分析，进而优选出适于杉木无性系组培容器苗高效培育的轻基质配方（表5-9）。

一、不同轻基质对幼苗保存率及生长的影响

移栽6个月后，苗木成活率在不同轻基质配方间存在较大差异，变幅为20.00%~93.30%，其中不含椰糠的1、2、4、5、7、9、12号配方保存率均大于60%，又以2、4、7、9号配方最好，保存率均在80%以上，优于对照配方（78.30%）；其余含有椰糠的7个配方，保存率都小于60%，其中3、6、11号配方最差，保存率均不足40%。苗高和地径在不同配方间的变化也较大，极差分别为7.74cm和0.57mm，其中4号和9号配方的苗木生长最好，苗高分别比对照提高19.66%、17.07%，地径分别提高

9.96%、6.43%，相应的苗木生物量累积也最大，根和茎叶干质量之和（总干质量）分别为 0.389g 和 0.485g，其中 9 号处理根、茎叶干质量分别比对照提高 29.73%、45.18%。根冠比的变异幅度为 0.05~0.15，除 2、13 号配方的根冠比明显高于对照外，其余配方均小于或明显小于对照（表 5-10）。

表 5-9　轻基质种类及体积比

处理号	泥炭土	珍珠岩	椰糠	蛭石	处理号	泥炭土	珍珠岩	椰糠	蛭石
1	1.00	0	0	0	9	0.20	0.40	0	0.40
2	0.20	0.8	0	0	10	0.20	0	0.40	0.40
3	0.20	0	0.80	0	11	0.46	0.27	0.27	0
4	0.20	0	0	0.80	12	0.46	0.27	0	0.27
5	0.60	0.40	0	0	13	0.46	0	0.27	0.27
6	0.60	0	0.40	0	14	0.20	0.27	0.27	0.26
7	0.60	0	0	0.40	CK	黄心土			
8	0.20	0.40	0.40	0					

表 5-10　不同轻基质对苗木保存率及生长的影响

处理号	苗高（cm）	地径（mm）	根干质量（g）	茎叶干质量（g）	根冠比	保存率（%）
1	15.77 ± 2.85	2.26 ± 0.29	0.011 ± 0.005	0.233 ± 0.102	0.049 ± 0.006	66.67 ± 3.20
2	16.30 ± 2.92	2.30 ± 0.39	0.031 ± 0.014	0.233 ± 0.099	0.132 ± 0.024	93.33 ± 1.27
3	12.83 ± 3.07	2.20 ± 0.28	0.023 ± 0.016	0.190 ± 0.100	0.119 ± 0.054	20.00 ± 2.85
4	20.07 ± 2.21	2.68 ± 0.17	0.029 ± 0.022	0.360 ± 0.164	0.082 ± 0.044	81.67 ± 1.88
5	15.00 ± 4.42	2.450 ± 0.16	0.020 ± 0.022	0.256 ± 0.207	0.077 ± 0.027	65.00 ± 2.40
6	14.43 ± 4.85	2.16 ± 0.62	0.022 ± 0.013	0.198 ± 0.158	0.110 ± 0.113	33.03 ± 1.87
7	16.70 ± 1.44	2.19 ± 0.38	0.020 ± 0.012	0.225 ± 0.085	0.089 ± 0.036	93.03 ± 2.18
8	16.93 ± 2.84	2.23 ± 0.45	0.026 ± 0.016	0.233 ± 0.143	0.110 ± 0.004	50.00 ± 0.86
9	19.63 ± 3.52	2.60 ± 0.60	0.048 ± 0.019	0.437 ± 0.164	0.110 ± 0.027	91.67 ± 1.45
10	12.90 ± 3.26	2.12 ± 0.52	0.020 ± 0.023	0.167 ± 0.127	0.120 ± 0.048	56.67 ± 3.95
11	12.33 ± 2.70	2.58 ± 0.35	0.009 ± 0.004	0.145 ± 0.099	0.062 ± 0.023	33.33 ± 1.95
12	17.10 ± 2.72	2.33 ± 0.57	0.029 ± 0.021	0.273 ± 0.131	0.105 ± 0.027	76.67 ± 3.67
13	14.20 ± 1.57	2.11 ± 0.09	0.028 ± 0.021	0.188 ± 0.102	0.149 ± 0.034	56.67 ± 7.53
14	15.30 ± 3.64	2.42 ± 0.50	0.020 ± 0.012	0.204 ± 0.112	0.098 ± 0.014	46.67 ± 3.19
CK	16.77 ± 2.53	2.44 ± 0.52	0.037 ± 0.032	0.301 ± 0.158	0.123 ± 0.040	78.33 ± 4.08

二、不同轻基质对幼苗根系形态参数的影响

不同轻基质配方对杉木无性系组培幼苗根系形态的影响见表 5-11。总根长、总根表面积、总根体积均优于对照的有 2、4、9 号配方，分别比对照提高 27.86%~72.44%、14.79%~61.25%、3.13%~50.00%，又以 9 号配方提高幅度最大。根系形态参数较小的为 5 号和 11 号配方，幼苗的总根长、总根表面积、总根体积分别比对照减少 34.38%~63.72%。根的平均直径在处理间的差异不大，总体平均值为 0.60mm。由此表明，基质中泥炭土的比例对根系形态参数有显著影响，较低比例的泥炭土与珍珠岩或蛭石混合的基质更利于杉木无性系组培苗根系的生长。

表 5-11　不同轻基质对幼苗根系形态参数的影响

处理号	总根长（cm）	总根表面积（cm^2）	总根体积（cm^3）	平均根直径（mm）
1	75.68 ± 4.27	13.92 ± 1.75	0.20 ± 0.08	0.58 ± 0.02
2	118.36 ± 5.53	21.98 ± 1.40	0.33 ± 0.07	0.59 ± 0.01
3	84.75 ± 4.62	15.02 ± 1.81	0.22 ± 0.03	0.57 ± 0.11
4	127.00 ± 6.27	23.27 ± 2.17	0.34 ± 0.06	0.59 ± 0.03
5	58.99 ± 5.29	12.00 ± 1.09	0.19 ± 0.02	0.62 ± 0.04
6	77.61 ± 4.33	14.21 ± 1.97	0.21 ± 0.13	0.58 ± 0.03
7	88.72 ± 3.46	16.71 ± 1.75	0.25 ± 0.10	0.60 ± 0.01
8	86.66 ± 4.51	17.19 ± 1.86	0.27 ± 0.14	0.65 ± 0.05
9	159.63 ± 3.78	30.88 ± 2.46	0.48 ± 0.10	0.61 ± 0.02
10	70.32 ± 3.78	12.96 ± 1.39	0.20 ± 0.03	0.57 ± 0.07
11	46.42 ± 3.93	8.12 ± 1.13	0.11 ± 0.06	0.56 ± 0.01
12	105.62 ± 5.20	20.04 ± 2.30	0.30 ± 0.08	0.60 ± 0.03
13	86.79 ± 5.23	17.38 ± 2.17	0.28 ± 0.02	0.62 ± 0.04
14	83.04 ± 4.56	15.22 ± 1.15	0.22 ± 0.06	0.58 ± 0.01
CK	92.57 ± 4.67	19.15 ± 1.35	0.32 ± 0.08	0.64 ± 0.05

三、轻基质容器苗质量综合评价

利用苗高、地径等 10 个性状指标的标准化数据作主成分分析。前 3 个主成分累积贡献率为 91.04%，对数据组的总变异拥有较高的解释。第一主成分的贡献率较大

（66.23%），对应较大特征向量的评价指标为总根长、总根表面积、总根体积和苗高、地径、根干质量、茎叶干质量以及保存率，可统称为苗木质量因子；第二主成分对应较大特征向量的评价指标为根冠比，可称为根系生长因子；第三主成分对应较大特征向量的评价指标为平均根直径，可称为根系形态因子。由此可知，根系形态参数是评价杉木无性系轻基质容器苗质量的重要形态指标，同时苗高、地径、根干质量、茎叶干质量以及苗木保存率等性状指标也不容忽视（表 5-12）。

表 5-12　轻基质容器苗质量综合评价主成分载荷矩阵

指标	主成分		
	第一主成分	第二主成分	第三主成分
总根长	0.364	0.043	−0.354
总根表面积	0.376	0.079	−0.225
平均根直径	0.194	0.259	0.875
总根体积	0.381	0.117	−0.101
苗高	0.352	−0.231	0.110
地径	0.266	−0.435	0.087
根干质量	0.350	0.281	−0.346
茎叶干质量	0.363	−0.213	0.035
根冠比	0.104	0.724	−0.119
保存率	0.290	−0.140	0.109
贡献率（%）	66.23	16.62	8.19

根据主成分分析结果可知，10 个苗木性状指标均与苗木质量有密切联系。因此，取所有性状指标隶属函数值的平均值（$\overline{R}$）作为不同基质配方苗木综合质量的评价指标，$\overline{R}$值越大，表示苗木综合质量越好（表 5-13）。其中，有 4 个配方的 $\overline{R}$ 值优于对照，又以 9 号配方最优，其次是 4、2 号及 12 号，这些配方均不添加椰糠，苗木综合质量较好。$\overline{R}$ 值较低的配方为 3、10、11 号，这些配方中除泥炭土、珍珠岩或蛭石外，均添加了椰糠成分，苗木综合质量较差。进一步分析发现，添加了椰糠成分的 6、8、13、14 号配方，苗木 $\overline{R}$ 值也明显低于对照或其他配方。

表 5-13 苗木性状指标隶属函数值

处理号	$\bar{R}$	排名	处理号	$\bar{R}$	排名	处理号	$\bar{R}$	排名
1	0.42	7	6	0.30	11	11	0.23	15
2	0.54	3	7	0.45	6	12	0.53	4
3	0.28	14	8	0.35	10	13	0.29	12
4	0.75	2	9	0.86	1	14	0.39	8
5	0.38	9	10	0.28	13	对照	0.50	5

四、小　结

基质种类和配比方式对杉木无性系组培苗保存率和苗木生长有较大影响，基质中泥炭土所占的比例应控制在 20% 左右，并配合珍珠岩或蛭石一起使用，椰糠可不加或少加。总根长、总根表面积、总根体积、根冠比、平均根直径等根系形态参数是评价杉木无性系轻基质容器苗质量的重要指标。利用隶属函数值对不同配方的育苗效果进行综合评价，筛选出“泥炭土 20%+ 珍珠岩 40%+ 蛭石 40%”的 9 号配方为最佳组合，移栽 6 个月后苗木保存率为 91.70%，苗木高 / 径生长明显，根系发达，苗木综合质量明显优于黄心土容器苗。

Chapter 6

第六章

杉木体细胞胚胎的诱导发生

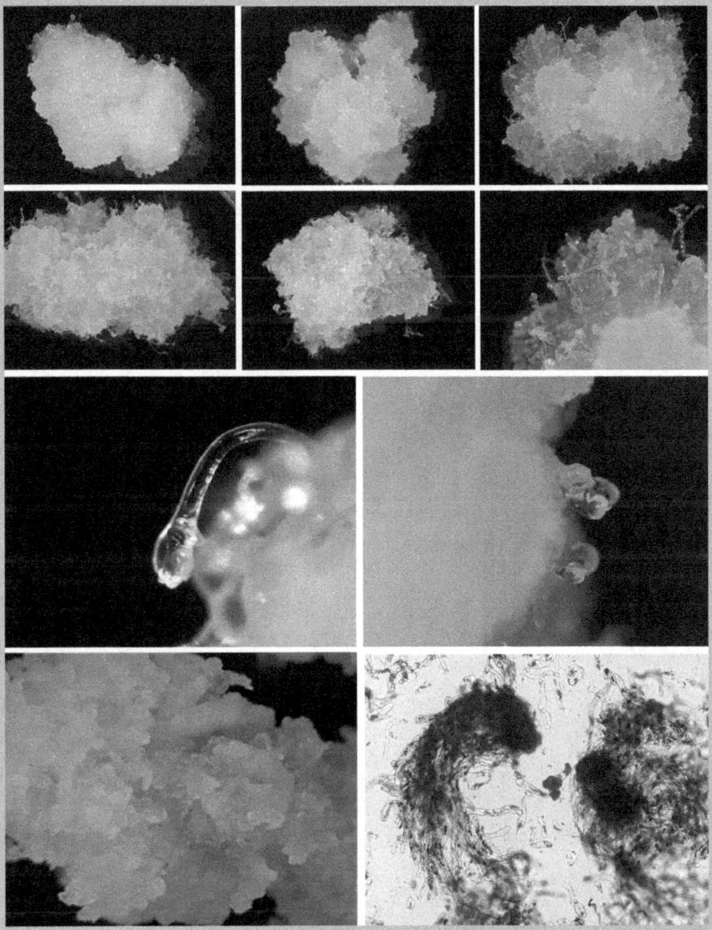

植物体细胞胚胎（简称“体胚”）发生是指选取合适的外植体，经过诱导培养产生胚性愈伤组织（EC），将得到的胚性愈伤组织扩增后再进行成熟培养产生体胚，在适宜环境下体胚继续发育成熟并再生长成完整植株的过程（宋跃 等，2016），即没有性细胞融合过程的植物体细胞，以类似合子胚胚胎发生的途径再生得到新个体。植物体胚发生作为植株再生的一个重要途径，对于繁殖周期较长的针叶树种具有重要的应用价值（陈芳 等，2010）。深入研究植物体胚发生，在理论和实践两方面都具有重要意义。在理论方面，合子胚的胚胎发生和发育包括了细胞分裂、细胞分化、器官形态建成等一系列过程，这些过程不仅受到植物体各组织和细胞综合复杂的影响，且取材观察都十分困难，难以用来研究胚胎发生发育机理（张丽杰，2006；唐丽苹，2016）。而植物体胚发生由于其发生过程在胚的形态特征、生理生化等方面都与合子胚的胚胎发生过程十分相似，此外，植物体胚发生还具有可控制、数量多、速度快、取材易等特点，因此，植物体胚发生系统对于植物细胞分化、形态发生、合子胚发育、蛋白质组分分析等研究具有推进作用（周键 等，2008；陈少瑜，2010）。在实践方面，在保存林木优良基因型、进行遗传转化、规模化繁殖、筛选转基因受体等方面可提供良好的试验体系，同时植物体胚发生更便于操作和规模化经营管理。相较于阔叶树种，针叶树种的体胚发生研究难度更大，令人欣喜的是近年来针叶树种体胚发生研究的相关报道在不断增多，但主要集中在松科树种。杉木作为我国南方最主要的生态造林和商品林树种，建立其高效体胚发生体系能够进一步推动杉木种业的发展。近年来，杉木体胚发生体系方面的研究虽取得了可喜进展，但仍存在胚性愈伤组织诱导率低，体胚成熟率低等问题，需要进一步完善。因此优化和完善杉木体胚发生体系的研究具有重要的现实意义。

第一节　体胚的诱导

针叶树的许多组织和器官都可用于胚性愈伤组织的诱导，包括生殖器官中的未成熟和成熟合子胚（Ogita et al.，1999），营养器官中的茎尖等（Malabadi et al.，2005）。然而，与被子植物其胚性表达大多以成熟组织为外植体不同，针叶树胚性愈伤组织的诱导多以幼嫩组织为外植体，比如未成熟合子胚（Stasolla et al.，2003）。针叶树首例体胚发生研究便是以挪威云杉未成熟合子胚为外植体，经由胚性组织介导诱导出了结构完整生理成熟的体细胞胚，并最终再生出具有活力的完整植株（Hakman et al.，1985）。自此以后，未成熟合子胚作为最常用且诱导最成功的外植体被大量应用到针叶树体胚发生研究中。研究并建立一套高效实用的体胚发生技术体系，可为杉木优良基因型的扩繁提供技术支持。

一、胚性愈伤组织诱导

以来自我国南方 3 个杉木无性系种子园共计 25 个基因型开放授粉的杉木植株的包含有未成熟种子的绿色球果为材料，其中 7 个基因型（分别命名为 F1~F7）来自福建省将乐国有林场，10 个基因型（分别命名为 G1~G10）来自广东省小坑林场，8 个基因型（分别命名为 Z1~Z8）来自浙江省开化县林场（表 6-1、图 6-1）。每个基因型每次收集 20 个以上球果，放到 4~10℃ 的保温箱中，并尽快带回到实验室进行试验，将未成熟种子从球果中剥离出来，再将种子浸入到 70% 的酒精中灭菌 1min，无菌水清洗 3~4 次，然后再将种子浸入到 0.1% 的升汞溶液中灭菌 10min，无菌水清洗 3~4 次，取出种子。随后从每个基因型每次收集的未成熟种子中随意选取 10 粒种子用于合子胚发育时期测定。用解剖刀和镊子将未成熟合子胚从种子中取出，放置到体式镜下观测其结构特征，以确定发育时期（表 6-1）。

表 6-1　杉木未成熟合子胚样品采集

母本基因型数	采样地点	命名	合子胚发育时期及采集时间（2013 年）		
			裂生多胚期	优势胚期	子叶胚前期
7	福建	F1~F7	7 月 17 日	7 月 27 日	8 月 8 日
10	广东	G1~G10	7 月 7 日	7 月 17 日	7 月 27 日
8	浙江	Z1~Z8	7 月 17 日	7 月 27 日	8 月 8 日

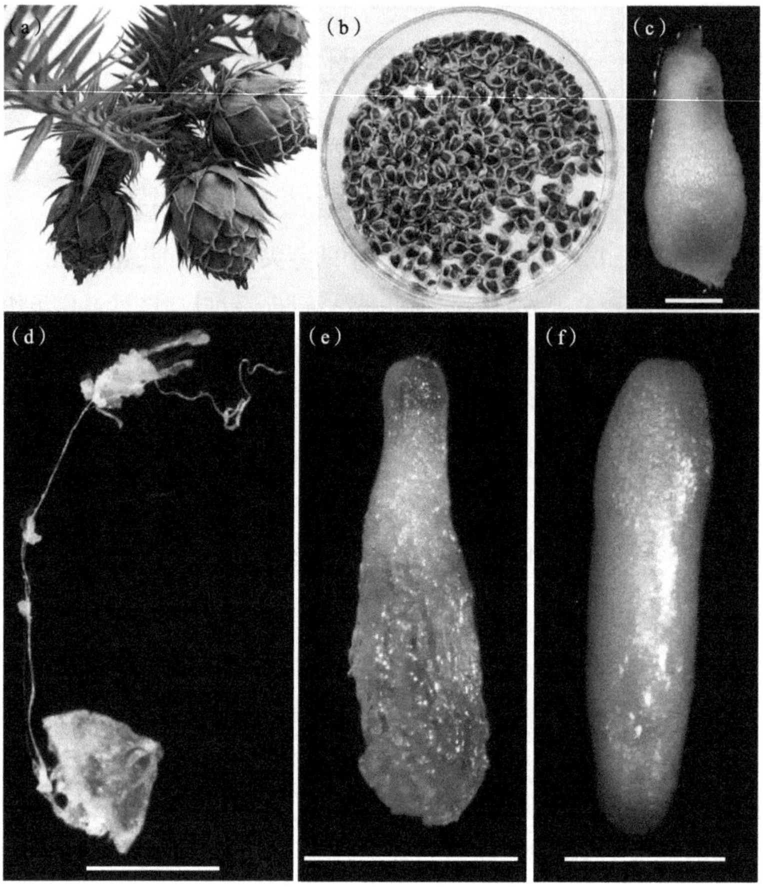

图 6-1 杉木研究材料及未成熟合子胚发育时期

注：a 为绿色球果，b 为未成熟种子，c 为雌配子体，d 为裂生多胚期，e 为优势胚期，f 为子叶胚前期；标尺 = 1 mm。

将确认为未成熟合子胚接种到表 6-2 所列诱导培养基 CM1～CM7 上 7 天后就可以分辨出合子胚活力，活力高的合子胚会膨胀并逐渐愈伤化而变得疏松，小部分活力低的胚会逐渐褐化而表现出坏死症状。继续培养到第 6 周时，存活下来的合子胚经脱分化形成两种在颜色及质地上差异较大的愈伤组织。大部分白色或浅黄色、亮晶、黏连、柔软的愈伤组织为胚性愈伤组织（EC）（图 6-2a），显微观察发现了大量具有两极结构的胚性胚柄团，其主要特征是体积小细胞质浓稠的分生组织细胞团附带簇状长条形的胚柄细胞（图 6-2d）。黄色或黄褐色、松散易碎或坚硬的愈伤组织大都没有胚性，为非胚性愈伤组织（NEC）（图 6-2c）。这类非胚性的愈伤组织虽然也可以增殖，但是显微观察发现细胞排列无序，并且没有两极性结构的细胞簇，细胞核小细胞质稀疏（图 6-2e）。以雌配子体为外植体同样可以诱导出胚性愈伤组织。如图 6-2b 所示，经过 6 周的培养，雌配子体的珠孔端再生出了大量愈伤组织，其外观形态特征与未成熟合子胚诱导出的胚性愈伤组织非常相似，白色、表面亮晶、质地柔软黏连。镜检发现，培养物同样也是胚性愈伤组织。

表 6-2 胚性组织诱导培养基（CM1～CM11）

生长调节剂	愈伤组织诱导培养基 (mg/L)										
	CM1	CM2	CM3	CM4	CM5	CM6	CM7	CM8	CM9	CM10	CM11
2,4–D	1.0	1.0	2.0	2.0	0.5	1.5	1.5	—	—	—	0.2
BA	0.2	0.5	0.2	0.5	0.2	—	0.5	1.0	1.5	2.0	1.5
KT	—	0.3	0.3	—	—	0.3	0.3	—	—	—	—
NAA	—	—	—	—	—	—	—	0.2	0.2	0.2	
TDZ	—	—	—	—	—	—	—	0.004	0.004	0.004	0.004

注：每一种培养基均以 DCR 为基本培养基，附加蔗糖 30g/L、酸水解酪蛋白（CH）0.5g/L、谷氨酰胺（Glu）0.4g/L、植物凝胶 5g/L 和植物生长调节剂；2,4–D 为 2,4- 二氯苯氧乙酸，BA 为苄氨基腺嘌呤，KT 为呋喃氨基嘌呤，NAA 为萘乙酸，TDZ 为噻苯隆；下同。

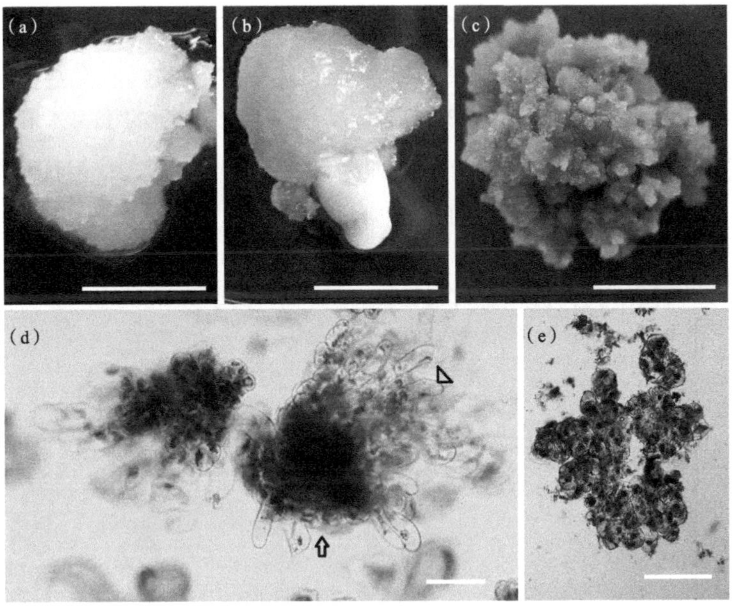

图 6-2 杉木愈伤组织形态学特征及显微观察。

注：a 为未成熟合子胚诱导的胚性愈伤组织，b 为雌配子体诱导的胚性愈伤组织，c 为非胚性愈伤组织，d 为具有极性结构的胚性胚柄团（箭头所示为胚性细胞，三角所示为胚柄团），e 为碱性品红染色的非胚性细胞；a~c 标尺为 5 mm，d 和 e 标尺为 100 μm。

二、未成熟合子胚发育时期对愈伤组织诱导的影响

显微观察结果发现，从 25 个基因型的母树上分 3 次采集的未成熟合子胚主要划分为 3 个发育阶段，即裂生多胚期（图 6-1d）、优势胚期（图 6-1e）和子叶胚前期（图 6-1f）。第一次从母树 F1～F7、Z1～Z8 和 G1～G10 采集的未成熟合子胚处于裂生多胚期，第二次和第三次采集的未成熟合子胚分别处于优势胚期和子叶胚前期。3 个发育阶段的未成

熟合子胚，经过 6 周的诱导脱分化，在愈伤组织诱导率上表现出显著性差异（图 6-3）。在以高浓度生长素为特征的诱导培养基 CM1~CM7 上，平均愈伤组织诱导率（包括胚性愈伤组织及非胚性愈伤组织）会随着合子胚发育时期的延后而逐渐增加。具体表现在从裂生多胚期的 33.58%，增加到优势胚期的 54.27%，再增加到子叶胚前期的 60.82%。诱导出的愈伤组织只有小部分具有胚性，其胚性愈伤组织的诱导率同样会受到合子胚发育时期的影响，且彼此之间的差异达到了显著性水平（$P \leqslant 0.05$）。不同于总的愈伤组织诱导率，胚性愈伤组织随着未成熟合子胚的发育而显著性降低，从裂生多胚期的 12.44% 降低到优势胚期的 6.86%，再降低到子叶胚前期的 3.89%。未成熟合子胚在以细胞分裂素为主要植物生长调节剂的诱导培养基 CM8~CM11 上培养 6 周后，仅有 11.4% 的裂生多胚期合子胚具有生命力，表现出膨大并脱分化为愈伤组织，其余的合子胚在培养的过程中逐渐褐化死亡。此发育阶段的未成熟合子胚诱导出的愈伤组织尽管在后期增殖培养中也可以增殖，但很难分化出体细胞胚或者再生出不定芽。优势胚期合子胚在初始诱导阶段的存活率最高达到了 53.17%，显著高于裂生多胚期的 11.4% 和子叶胚前期的 46.74%。虽然诱导阶段优势胚期和子叶胚前期的合子胚均能膨大，但优势胚期诱导出的培养物外观白色或浅绿色，脱分化更明显，且更健康。

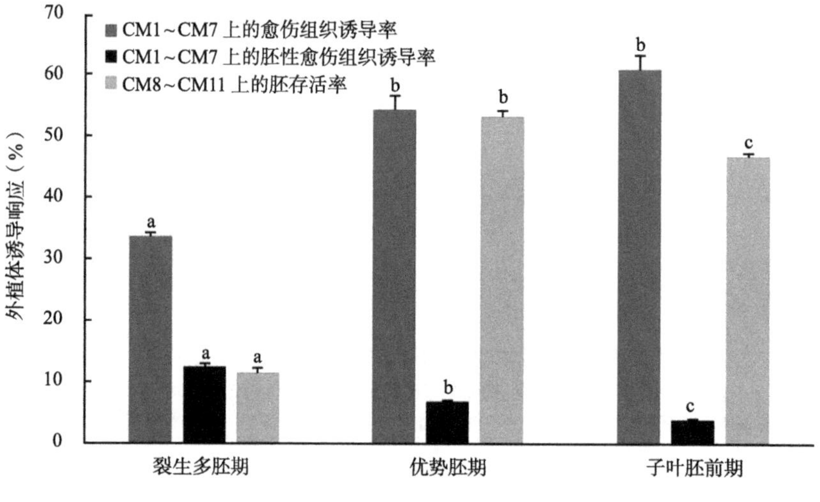

图 6-3　杉木未成熟合子胚发育时期对愈伤组织诱导的影响

注：裂生多胚期、优势胚期及子叶胚前期的合子胚在愈伤组织诱导培养基上诱导 6 周后，统计得出培养基 CM1~CM7 上的愈伤组织（灰色柱形图）及 EC（黑色柱形图）诱导率，CM8~CM11 上的合子胚存活率（浅灰色柱形图）。柱形图上字母的不同表示在 $P<0.05$ 水平下有显著性差异。

三、植物生长调节剂对愈伤组织诱导及增殖的影响

为研究植物生长调节剂对杉木未成熟合子胚愈伤组织诱导的影响，试验设置了两

种类型培养基（增殖培养以 DCR 为基本培养基，添加与诱导培养基同样浓度的蔗糖、CH、Glu 和植物凝胶），分别以生长素及和细胞分裂素为主要生长调节剂种类，同时配合浓度变化，检测合子胚在不同生长调节剂种类及浓度条件下的愈伤组织诱导响应情况（表 6-3）。

表 6-3　胚性组织增殖培养基

增殖培养基	培养物来源	植物生长调节剂（mg/L）				
		2,4-D	BA	KT	NAA	TDZ
PM1	CM1～CM7	0.2	—	0.1	—	—
PM2	CM8～CM11	—	1.5	—	0.2	0.004

注：增殖培养以 DCR 为基本培养基，添加与诱导培养基同样浓度的蔗糖、CH、Glu 和植物凝胶。

第一种类型的培养基包含 7 种植物生长调节剂配比（CM1~CM7），但均以高浓度生长素（2,4-D 0.5~2.0mg/L）低浓度的细胞分裂素（BA 0.2mg/L 或 0.5mg/L，KT 0.3mg/L）为特征，两种植物生长调节剂浓度相差 1.25~5 倍。在这 7 种培养基中，有 42.99%~67.42% 的未成熟合子胚对植物生长调节剂有响应，并在最后脱分化为愈伤组织，其中 1.78%~13.86% 的胚形成了胚性愈伤组织（图 6-4）。最高的愈伤组织及胚性愈伤组织诱导率分别达到了 67.42% 和 13.86%，并且均来自同一诱导培养基 CM6，培养基中附加了 2,4-D 1.5mg/L 和 KT 0.3mg/L，生长素是细胞分裂素浓度的 5 倍。随着植物生长调节剂总浓度的减少，愈伤组织及胚性愈伤组织诱导率也显著降低，到生长素及细胞分裂素浓度分别为最低浓度时（2,4-D 0.5mg/L，BA 0.2mg/L），愈伤组织

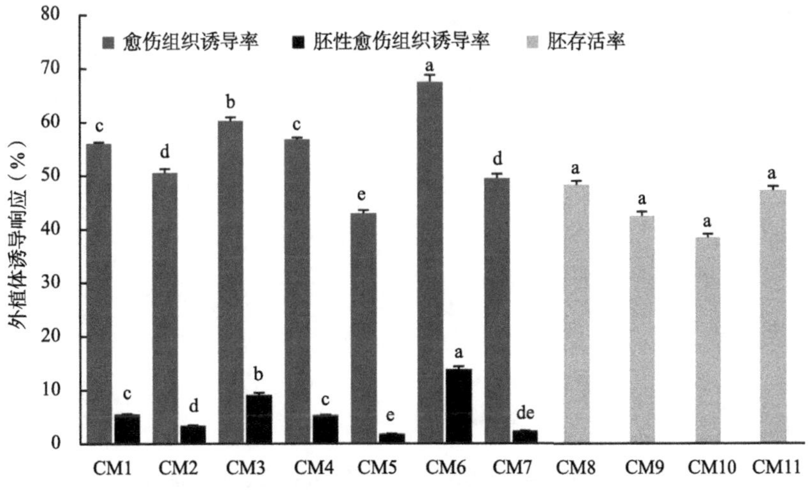

图 6-4　不同植物生长调节剂含量的培养基 CM1~CM11 对杉木愈伤组织诱导的影响

注：采集自 25 个基因型母树、3 个发育时期的未成熟合子胚接种到愈伤组织诱导培养基 CM1~CM11 上，培养 6 周后，统计计算 CM1~CM7 的愈伤组织（灰色柱形图）和胚性愈伤组织（黑色柱形图）诱导率，CM8~CM11 的胚存活率（浅灰色柱形图）。柱形图上字母的不同表示在 $P<0.05$ 水平下有显著性差异。

及胚性愈伤组织诱导率也最低，分别为 42.99% 和 1.78%（图 6-4 CM5 所示）。培养基 CM1～CM7 上诱导出的非胚性愈伤组织，在增殖培养基 PM1 培养 4 周后，颜色会逐渐成暗褐色，质地黏稠或结构松散，最终死亡。而胚性愈伤组织经增殖培养后，在其表面会有结团状结构突出。这些愈伤组织表面的结团结构为白色或浅黄色，有光泽且柔软（图 6-6a）。显微镜下观察发现，这些外表结团状的结构实际上是进一步发育的胚性胚柄团，相比初始诱导出的胚性胚柄团，分生组织细胞团在结构上更加类似胚头，伸长的胚柄团细胞也有了下胚轴的形状（图 6-6e）。这类由杉木未成熟合子胚诱导出的胚性愈伤组织，在增殖培养基 PM1（2,4-D 0.2mg/L+KT 0.1mg/L）上经过长期（2 年）的继代培养，发现部分愈伤组织仍然具有胚性愈伤组织的特征，表现为松软黏连，显微观察发现愈伤组织中包含大量早期原胚；但同时发现部分愈伤组织的边缘逐渐会变得半透明，增殖明显加快，显微观察结果显示愈伤组织细胞大小不一，但都为等轴的圆球形，无两级结构明显的早期原胚，表明愈伤组织的胚性已经丢失，转变为非胚性愈伤组织。两种愈伤组织外观形态特征及显微观察如下（图 6-5）。

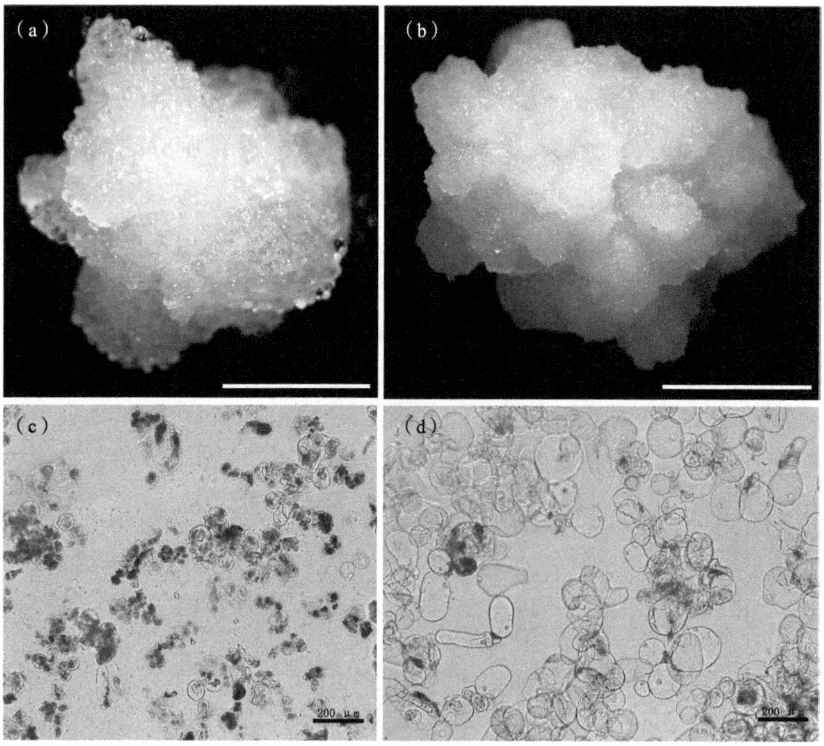

图 6-5　两种类型愈伤组织外观形态特征及显微观察

注：a 为胚性愈伤组织，b 为非胚性愈伤组织，c 为胚性愈伤组织显微观察，d 为非胚性愈伤组织显微观察。胚性愈伤组织：乳白色、不透明、松软有黏性；愈伤组织中包含大量早期原胚，胚头由较小且细胞质浓密的分生组织细胞组成，胚柄由含有液泡的长细胞组成。非胚性愈伤组织浅黄色、边缘半透明、松软有黏性；愈伤组织增殖快，细胞大小不一但成等轴的圆球形，没有两级结构明显的早期原胚。

另一种类型的培养基（CM8~CM11）以高浓度细胞分裂素低浓度生长素为特征，分别添加了不同浓度的 BA（1.0~2.0mg/L）、NAA 或 2,4-D 0.2mg/L 和 TDZ 0.004mg/L。经过 6 周的诱导培养基，有 38.46%~48.29% 的未成熟合子胚存活下来。尽管 4 种培养基对合子胚的存活率的影响无显著差异，但相比其他的培养基，CM9 上获得的胚膨胀明显，呈白色或浅黄色，总体看更健康（图 6-6b）。基于这些结果，在后期增殖试验时，研究组选择 CM9 作为增殖培养基，即以 DCR 为基本培养基添加同样浓度的植物生长调节剂（BA 1.5mg/L+NAA 0.2mg/L+TDZ 0.004mg/L），并将其命名为 PM2。将诱导培养基 CM8~CM11 上所有存活下来的胚，分别按照母树基因型及未成熟合子胚发育时期转接到增殖培养基 PM2 上。经过 3 次连续转接培养后发现，只有第一次采集自母树基因型为 G1~G10 的合子胚以以下 3 种方式再生出不定芽或者诱导出了体胚，其他的未成熟合子胚在增殖过程中逐渐褐化死亡。

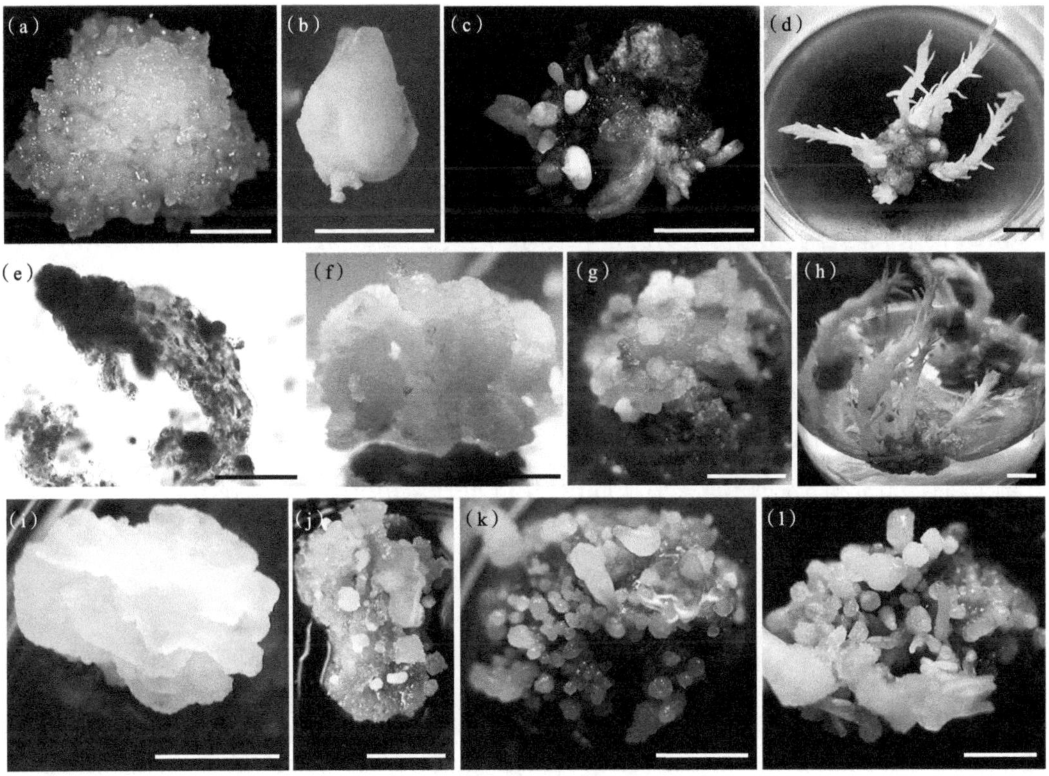

图 6-6 杉木愈伤组织增殖培养效果

注：a 为在增殖培养基 PM1 上进一步发育的胚性愈伤组织，b 为诱导培养基 CM8~CM11 上获得的膨胀的合子胚，c 为膨胀的合子胚增殖培养时再生出杯状或略弯曲的初始不定芽，d 为后期培养时不定芽进一步伸长，e 为显微镜下观察到的胚性胚柄团，f 为部分脱分化的愈伤组织，g~h 为在培养基 PM2 上由部分脱分化的愈伤组织再生出的不定芽，i 为完全脱分化的愈伤组织（表面具有白色半透明的沟壑和凸起）。完全脱分化的愈伤组织（i）在增殖培养基上再生出白色、球形或柱形的早期体细胞胚（j），随着进一步增殖培养，又再生出了成百上千的早期体细胞胚（k），胚头部分发育出了浅绿色的子叶（l）；标尺 e = 100μm，其余标尺为 5mm。

一些合子胚在培养的过程中会直接再生出不定芽，而不需要经历脱分化为愈伤组织阶段。这些胚最初在诱导阶段会表现出膨胀，尤其是下胚轴部分膨胀明显（图 6-6b）。增殖培养时，膨胀胚表面会再生出杯状或略弯曲的初始不定芽（图 6-6c）；进一步增殖培养，不定芽逐渐伸长，并在芽的茎干上长出针叶（图 6-6d）。

一些合子胚会首先脱分化为愈伤组织，再从愈伤组织上再生出不定芽。这些胚会在诱导培养基上逐渐脱分化（图 6-6f），在增殖培养时进一步脱分化完全，形成愈伤组织。从完全脱分化的愈伤组织表面再生出不定芽（图 6-6g），在后期培养中不定芽进一步伸长（图 6-6h）。

其余的合子胚会从完全脱分化的愈伤组织上再生出体胚。这些合子胚在诱导阶段就会完全脱分化为表面白色半透明、具有沟壑和凸起的愈伤组织（图 6-6i）。增殖培养时，这些愈伤组织会再生出白色、球形或柱形的早期体胚（图 6-6j）。继续增殖培养发现，这些愈伤组织又再生出成百上千的早期体胚（图 6-6k），并在胚头部分发育出浅绿色子叶（图 6-6 l）。

四、母本基因型对愈伤组织诱导及体胚发生的影响

母本基因型会显著影响未成熟合子胚愈伤组织及胚性愈伤组织诱导率。如图 6-7 所示，母本 G7 的未成熟合子胚愈伤组织诱导率最高，达到了 82.27%，但其胚性愈伤组织诱导率仅有 4.51%。尽管 Z1 母本对愈伤组织诱导响应不是最突出的，但是其胚性愈伤组织诱导率却是在 25 个母本基因型中最高的，达到了 16.02%。总的来说，相比其他的两个种子园，来自广东的种子园母本基因型 G1～G10 更有利于愈伤组织的诱导，其平均诱导率为 70.03%，显著高于福建 F1～F7 的 37.46% 和浙江 Z1～Z8 的 44.60%。但在福建和浙江的母本基因型中，分别平均有 7.6% 和 8% 的未成熟合子胚诱导出了胚性愈伤组织，这又显著高于来自广东母本基因型的 3.79%。

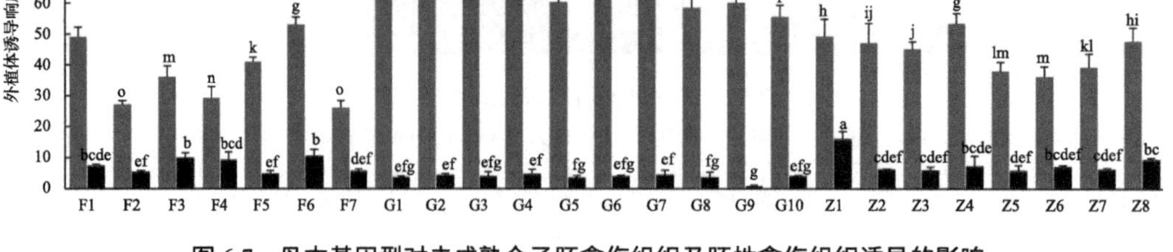

图 6-7　母本基因型对未成熟合子胚愈伤组织及胚性愈伤组织诱导的影响

注：柱形图上不同字母表示在 $P<0.05$ 水平下有显著性差异，下同。

母本基因型同样也会显著影响未成熟合子胚不定芽和体细胞胚胎的诱导率。在培养基 PM2 上经 3 次连续转接增殖培养后，只有第一次采集自母树基因型 G1~G10 的合子胚再生出不定芽或者诱导出了体胚。培养结果如图 6-8 所示，G1 不定芽诱导率最高，为 61.72%，G2 最低，为 14.9%；在这 10 个母本基因型中，G4 最易诱导体胚，诱导率达到了 16.51%，G9 的体胚诱导率最低，仅有 4.49%。

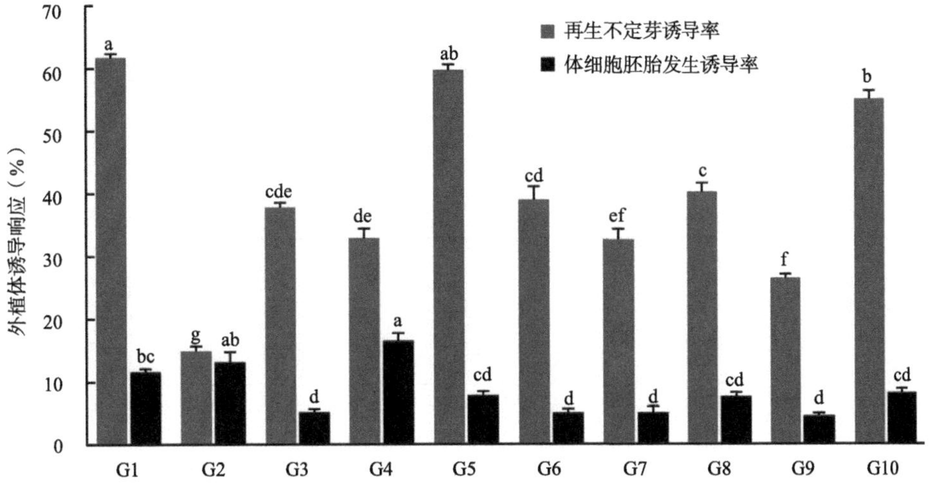

图 6-8 母本基因型对未成熟合子胚不定芽再生及体胚诱导的影响

五、ABA 和 PEG 对体细胞胚胎成熟培养的影响

杉木体胚的成熟培养以 H6-6# 细胞系为试验材料，此细胞系是浙江省开化县林场种子园 H6 号基因型母树的未成熟合子胚经愈伤组织诱导而来。胚性组织转接到成熟培养基上进行体胚成熟试验。成熟培养以 DCR 为基础培养基，附加蔗糖 30g/L、CH 0.5g/L、Glu 0.4g/L、植物凝胶 5g/L，以及不同浓度的 ABA 和 PEG 以优化成熟培养条件（表 6-4）。在添加了 25~100μmol/L ABA 的成熟培养基培养 2 周后，胚性愈伤组织的表面会明显观察到早期体细胞胚胎的出现，然而在成熟培养基 ME0 上的愈伤组织会逐渐褐化坏死（图 6-9a~e）。每 1.0g 鲜重的胚性愈伤组织在含有不同浓度 ABA 的成熟培养基上培养 2 周后早期体胚的产量如表 6-5 所示。相比对照培养基中体胚的数量为零，添加了 ABA 的培养基显著提高了体胚的产量，这表明 ABA 有助于体胚的发育。然而获得的体胚的数量不是一成不变的，它会随着 ABA 浓度从 0μmol/L 到 100μmol/L 呈现出先增加后降低的趋势。再生出杯状或者圆柱形体胚最多的培养物均来自添加了 50μmol/L ABA 的成熟培养基 ME2 上的胚性愈伤组织（图 6-9c）。当以 PEG6000 为主要生长调节剂添加到成熟培

养基时，只有在添加了 100g/L PEG600 的成熟培养基 ME6 的胚性愈伤组织上再生出大约 25 个具有明显子叶和伸长了的下胚轴的体胚。高于或者低于此 PEG6000 浓度的成熟培养基上均没有发现再生出结构完整健康的体胚（表 6-5、图 6-9f~g）。

进一步将胚性组织转接到同时含有较高浓度的 ABA（50μmol/L）和 PEG6000（100g/L）的成熟培养基 ME8 上。2 周后发现，平均 266.65 个具有圆柱状胚头和明显伸长胚柄的早期体胚从胚性组织表面再生出来（图 6-9i）。再生的体胚数量显著高于 ABA 或者 PEG6000 单应用于成熟培养基上获得的数量（表 6-5）。随着培养时间的延长，早期体胚的胚头部分逐渐发育为体细胞的子叶，伸长了的胚柄逐渐发育为下胚轴（图 6-9j~l）。

表 6-4　胚性组织成熟培养基

添加物	成熟培养基								
	ME0	ME1	ME2	ME3	ME4	ME5	ME6	ME7	ME8
ABA（μmolL）	—	25	50	75	100	—	—	—	50
PEG（g/L）	—	—	—	—	—	50	100	150	100

表 6-5　ABA 和 PEG6000 对杉木体胚成熟的影响

成熟培养基	ABA 含量（μmolL）	PEG6000 含量（g/L）	早期体胚数量（个/g）
ME0	0	0	0.00a
ME1	25	0	101.65 ± 4.90b
ME2	50	0	178.35 ± 5.95c
ME3	75	0	83.35 ± 8.30d
ME4	100	0	46.65 ± 3.60e
ME5	0	50	0.00a
ME6	0	100	25.00 ± 4.70f
ME7	0	150	0.00a
ME8	50	100	266.65 ± 14.40g

注：同一列不同的字母表示在 $P<0.05$ 水平上差异显著。

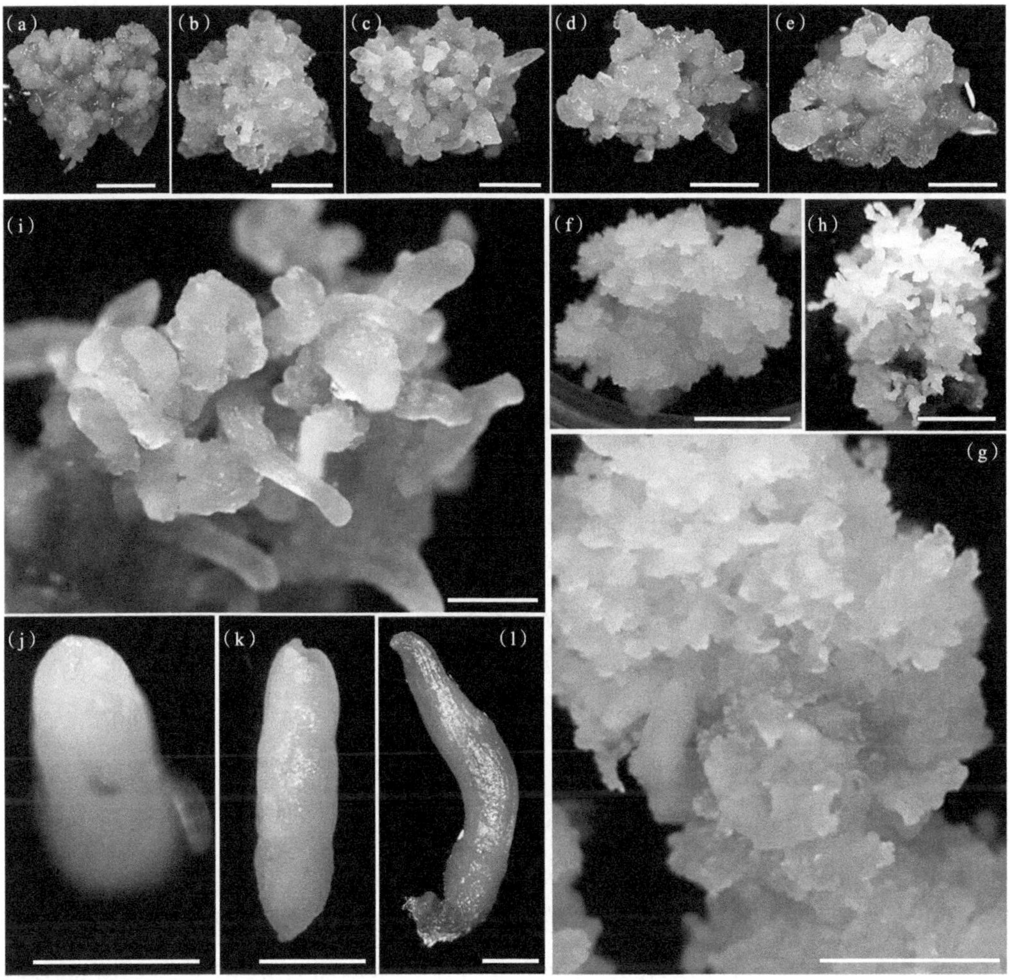

图 6-9　ABA 和 PEG6000 对杉木体胚发生能力的影响

注：a~e 表示胚性愈伤组织在分别含有 5 种 ABA 浓度（0μmol/L、25μmol/L、50μmol/L、75μmol/L 和 100μmol/L）的成熟培养基上培养 2 周后早期体胚发生能力，f~h 表示胚性愈伤组织在分别含有 3 种 PEG6000 浓度（50g/L、100g/L 和 150g/L）的成熟培养基上培养 2 周后早期体胚发生能力，i 表示同时添加 ABA 50μmol/L 和 PEG6000 100g/L 的成熟培养基上早期体胚发生能力；随着成熟培养时间的延长，早期体胚（j）逐渐分化出子叶（k），并最终发育为成熟的体胚（l）。标尺 a~h = 5mm，i~l = 1mm。

第二节　体胚成熟培养的技术优化

体胚的成熟培养是目前杉木体胚发生体系中难度较大且关键的一个步骤，而植物生长调节剂的种类、浓度、渗透压和氧化还原条件是影响植物体胚成熟的重要原因。对体胚成熟培养技术进行优化可使杉木体胚的诱导发生效率得到更为有效的提升。

一、ABA 和 PEG4000 组合添加处理对杉木体胚成熟的影响

体胚成熟培养以 DCR 为基本培养基，附加蔗糖 30g/L、倍力凝 5g/L、活性炭 1g/L、$AgNO_3$ 10mg/L 的条件下，同时添加 ABA 50μmol/L 和 PEG4000 100g/L 对杉木愈伤组织成熟具有最明显的作用，成熟率达 30.77%，其胚性愈伤组织上长出的早期体胚的数量也最多，达到 156.45 个/g。对照组培养基中没有添加 ABA 和 PEG4000，其成熟率最低，仅 0.43%，胚性愈伤组织上长出的早期体胚的数量也最少，只有 8.83 个/g。对比 A0、A1 和 A2 培养基发现，不添加 ABA 和 PEG4000，只添加 ABA 但不添加 PEG4000，同时添加 ABA 和 PEG4000，这三种条件对胚性愈伤组织的影响彼此之间的差异达到了显著差异水平（$P<0.05$）。随着添加剂种类的增加，愈伤组织成熟率和早期体胚的数量依次有所提高，在同时添加“ABA 25μmol/L+PEG4000 50g/L”条件下，成熟率达 18.80%，早期体胚的数量达 98.74 个 /g。对比 A1、A2 和 A3 培养基发现，在添加相同浓度的 ABA 25μmol/L 条件下，杉木胚性愈伤组织成熟率和早期体胚数量会随着 PEG4000 浓度的升高而提高，成熟率从 8.47% 提高到 23.68%，早期体胚数量从 39.53 个/g 提高到 101.85 个/g，其中，PEG4000 的浓度从 50g/L 增加到 100g/L 时对提高愈伤组织成熟率的作用不明显，相应的成熟率由 18.80% 提高到 23.68%，二者之间差异不显著；但对早期体胚数量的增加影响差异显著，当 PEG4000 的浓度为 50g/L 时，早期体胚数量为 98.74 个 /g，当 PEG4000 的浓度为 100g/L 时，早期体胚数量为 101.85 个/g。对比 A3、A4 和 A5 培养基发现，在添加相同浓度的 PEG4000 100g/L 条件下，当添加 ABA 浓度为 25μmol/L 时，成熟率为 23.68%，早期体胚的数量为 101.85 个/g；当添加 ABA 浓度为 50μmol/L 时，成熟率为 30.77%，早期体胚的数量为 156.45 个/g；当添加 ABA 浓度为 75μmol/L 时，成熟率为 18.64%，早期体胚的数量为 83.23 个/g。杉木胚性愈伤组织成熟率和早期体胚数量随着 ABA 浓度的升高表现出先上升后降低的趋势，在 ABA 浓度为 50μmol/L 时对愈伤组织的成熟影响最明显，而过高的 ABA 浓度下，胚性愈伤组织成熟率和早期体胚数量均比添加低浓度 ABA 时更低。这说明，同时添加 ABA 和 PEG4000 对杉木早期体胚成熟促进效果影响显著，比只添加 ABA 效果明显。添加 ABA 和 PEG4000 对杉木体胚成熟培养都有影响，两者中起主要作用的是 ABA 的浓度。在杉木体胚成熟培养时不宜加入过高浓度的 ABA，应加低浓度的 ABA，而在添加了合适浓度 ABA 情况下，可适当增加 PEG4000 的浓度以达到更好的成熟效果（表 6-6）。

表 6-6　ABA 和 PEG4000 组合添加处理对杉木胚性愈伤组织成熟的影响

编号	ABA 含量（μmol/L）	PEG4000 含量（g/L）	接种数（个）	早期体胚数量（个/g）	成熟率（%）
A0	0	0	120	8.83 ± 2.13 a	0.43 ± 0.22a
A1	25	0	118	39.53 ± 2.61 b	8.47 ± 1.44 b
A2	25	50	117	98.74 ± 4.20 d	18.80 ± 2.05 c
A3	25	100	114	101.85 ± 4.97 e	23.68 ± 2.16 c
A4	50	100	117	156.45 ± 2.31 f	30.77 ± 4.81 d
A5	75	100	118	83.23 ± 2.24 c	18.64 ± 3.49 c

注：同列不同字母表示在 $P<0.05$ 水平上差异显著。

二、不同浓度 GA_3 和不同种类 PEG 的处理对杉木体胚成熟的影响

PEG 种类和含量对杉木体胚的成熟响应有显著影响。以 DCR 为基本培养基，附加蔗糖 30g/L、倍力凝 5g/L、活性炭 g/L、$AgNO_3$ 10mg/L，并添加植物生长调节剂“ABA 50μmol/L+GA_3 0.8mg/L+PEG8000 180g/L”，杉木体胚的成熟响应最明显，成熟率可达 87.50%，每克胚性愈伤组织上长出的早期体胚达 185.33 个。对比表 6-7 B1~B3 培养基发现，在添加的 PEG 种类为 PEG4000 条件下，添加 GA_3 浓度的提高，对杉木体胚成熟率的影响差异不显著，且成熟率都较低，均不满 50%，每克胚性愈伤组织上长出的早期体胚也不足 100 个。对比 B4~B5 培养基发现，在添加 PEG 种类为 PEG6000 时，GA_3 的浓度会显著影响杉木体胚的成熟响应，随着 GA_3 浓度的升高，成熟率先升高后降低，在 GA_3 浓度为 0.8mg/L 时，成熟率最高，为 70.33%。对比 B7~B9 培养基发现，在添加 PEG 种类为 PEG8000 时，GA_3 的浓度对杉木体胚的成熟响应与添加 PEG6000 有相似情况，但不同的是，添加的 GA_3 浓度为 0.8mg/L 和 1.6mg/L 条件下，两者的成熟率分别为 77.27% 和 78.31%，差异不显著。综合对比 B1~B9 培养基可知，在添加相同含量和种类的 PEG 情况下，GA_3 的浓度为 0.8mg/L 更适宜体胚成熟培养。而对比在相同 GA_3 浓度（0.8mg/L）的培养基（B2、B5 和 B8）可知，同样添加 130g/L 的 PEG，添加 PEG4000 条件下的成熟率为 48.33%，添加 PEG6000 条件下的成熟率为 70.33%，添加 PEG8000 条件下的成熟率为 87.50%，PEG 的种类对杉木体胚的成熟响应影响显著，PEG8000 最适宜用于体胚成熟培养。对比 B10~B12 培养基发现，当把 PEG8000 的含量提高到 180g/L 时，杉木体胚的成熟响应显著提高，成熟率均达到 80% 以上，随着 GA_3 浓度的升高表现出先上升后下降的趋势。在 GA_3 含量为 0.8mg/L 时，成熟率最高，而当 GA_3 含量为 0.4mg/L 和 1.6mg/L 时，成熟率分别为 81.75% 和 82.94%，差异不显著。再将 B8 和 B11 培养基进行对比可知，在 PEG 种类为 PEG8000 时，培养基中 PEG8000

含量的升高会显著提高杉木体胚的成熟响应，成熟率从 77.27% 提高到 87.50%，但每克胚性愈伤组织上长出的杉木早期体胚数量都达到 183 个以上，且差异不显著（表 6-7）。

表 6-7　GA_3 及 PEG 种类和含量组合处理对杉木体胚成熟的影响

编号	GA_3 含量（mg/L）	PEG 种类及含量（g/L）			接种数（个）	早期体胚数量（个/g）	成熟率（%）
		PEG4000	PEG6000	PEG8000			
B1	0.4	130	—	—	54	86.67 ± 1.13 f	46.67 ± 2.34 f
B2	0.8	130	—	—	54	99.83 ± 1.41 e	48.33 ± 0.33 f
B3	1.6	130	—	—	52	97.74 ± 2.10 e	48.17 ± 1.56 f
B4	0.4	—	130	—	54	131.74 ± 2.97 d	56.67 ± 1.23 e
B5	0.8	—	130	—	51	152.31 ± 1.21 c	70.33 ± 2.67 c
B6	1.6	—	130	—	54	149.33 ± 1.75 cd	65.67 ± 1.07 d
B7	0.4	—	—	130	54	168.65 ± 2.21 bc	68.98 ± 1.41 cd
B8	0.8	—	—	130	51	183.83 ± 2.33 a	77.27 ± 1.82 bc
B9	1.6	—	—	130	53	173.67 ± 1.94 b	78.31 ± 2.16 bc
B10	0.4	—	—	180	54	174.65 ± 1.67 b	81.75 ± 1.81 b
B11	0.8	—	—	180	52	185.33 ± 1.50 a	87.50 ± 1.13 a
B12	1.6	—	—	180	54	183.13 ± 2.24 a	82.94 ± 1.30 b

注：同列不同字母表示在 $P<0.05$ 水平上差异显著。

三、氧化还原条件对杉木胚性愈伤组织早期成熟的影响

在杉木体胚早期成熟培养时，添加不同浓度的外源还原型谷胱甘肽（GSH）和氧化型谷胱甘肽（GSSG）主要都表现出低浓度促进、高浓度抑制的作用。对于添加不同浓度的外源 GSH，随着添加的 GSH 浓度的提高，成熟率逐渐下降，在 GSH 浓度为 0.25mmol/L 时，成熟率最高，达到 41.25%，比对照组高出 12.50%，经显著性分析（$P<0.05$）发现差异显著。GSH 浓度为 0.5mml/L 时也具有一定的促进作用，成熟率为 31.25%，说明添加低浓度的外源 GSH 对杉木胚性愈伤组织的早期成熟具有明显的促进作用。但当 GSH 浓度为 1.0mmol/L 时，表现出抑制作用，成熟率为 17.50%。随着 GSH 浓度的进一步提高，抑制作用愈加明显。在 GSH 浓度为 1.5mmol/L 时，成熟率仅为 8.75%，比对照低 20.00%，也低于 GSH 浓度为 0.5mml/L 时的成熟率，差异显著（图 6-10）。对于添加不同浓度的外源 GSSG，成熟率表现出先上升后下降的趋势，在 GSSG 浓度为 0.25mmol/L 和 0.5mmol/L 时，成熟率分别为 31.25% 和 32.50%，相比对照组均表现出促进作用。当 GSSG 浓度为 1.0mmol/L 时，成熟率达最高，为 36.25%，比对照组高 7.50%，差异显著。当 GSSG 浓度为 1.5mmol/L 时，成熟率为 11.25%，表现出明显的抑制作用（图 6-11）。

综合比较添加 GSH 和 GSSG 发现，在早期体胚成熟培养阶段，添加外源 GSH 比添加外源 GSSG 的影响更大，添加外源 GSH 的最高成熟率为 41.25%，比添加外源 GSSG 的最高成熟率 36.25% 高了 5.00%，差异显著（$P<0.05$）。这说明，添加低浓度的外源 GSH 和 GSSG 均对杉木体胚成熟培养具有促进作用，且添加低浓度外源 GSH 的效果更好。

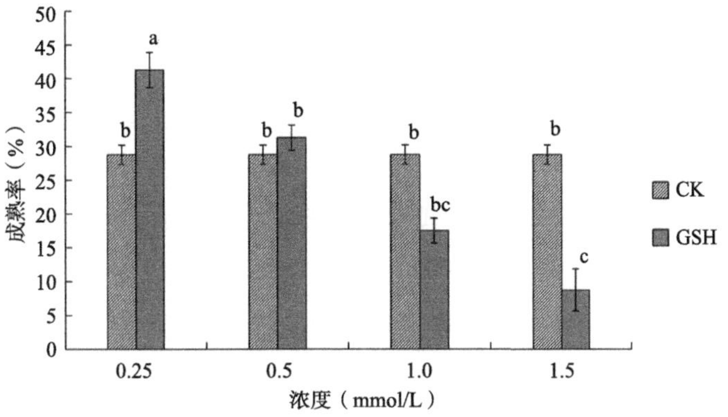

图 6-10　不同浓度的 GSH 添加处理下的成熟率

注：柱形图上字母的不同表示在 $P<0.05$ 水平下有显著性差异。

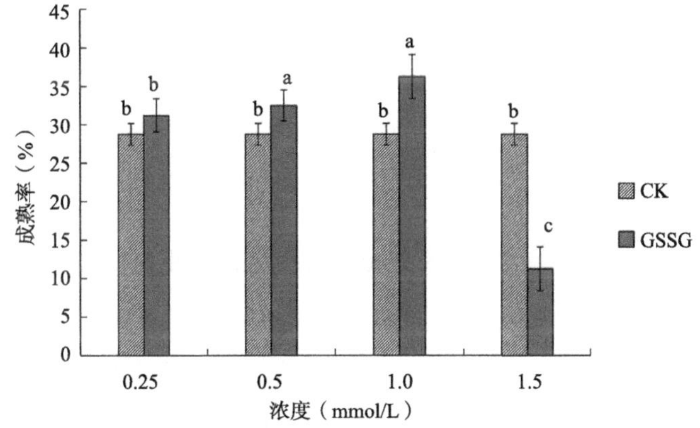

图 6-11　不同浓度的 GSSG 添加处理下的成熟率

注：柱形图不同字母表示在 $P<0.05$ 水平下有显著性差异。

四、小　结

利用 DCR 基本培养基，添加 30g/L 蔗糖、5g/L 倍力凝、1g/L 活性炭、10mg/L $AgNO_3$、50μmol/L ABA、0.8mg/L GA_3、180g/L PEG8000，可将体胚成熟率提高到 87.50%，早期体细胞胚数量增至 185.33 个/g，外源添加 0.25mmol/L GSH 对体胚成熟具有明显的促进作用。

参考文献

陈芳，陈少瑜，吴涛，等，2010. 丽江云杉体细胞胚胎发生 [J]. 林业科学，46（8）：162-167.

陈少瑜，2010. 丽江云杉体胚发生体系优化及体胚发育过程蛋白质组分析 [D]. 昆明：云南大学 .

陈幸良，2013. 中国现代林业技术装备发展战略与技术创新对策 [J]. 农业工程，3(4)：1-5.

成俊卿，1985. 木材学 [M]. 北京：中国林业出版社 .

高小坤，2006. 杉木组培无根苗瓶外生根试验 [J]. 福建林业科技，33（4）：163-165.

何振革，陈琴，黄开勇，等，2017. 杉木无根组培苗移栽技术研究 [J]. 安徽农业科学，45（11）：127-128，145.

黄寿先，周传明，朱栗琼，等，2004. 杉木半同胞家系生长和材性遗传变异研究 [J]. 广西植物，24（6）：535-539.

金东清，2001. 加速营造林机械化进程是新时期林业建设的迫切需要 [J]. 林业机械与木工设备，6（29）：4-5+10.

刘明刚，2011. 林业技术装备将迎来蓬勃发展新时代 [J]. 林业机械与木工设备，39(1)：4-7.

全国杉木种源试验协作组，1988. 杉木造林区种源选择 [J]. 林业科学研究，1（1）：1-13.

R. 福克纳，1981. 林木种子园 [M]. 徐燕千，译 . 北京：中国林业出版社 .

阮梓材，2012. 广东省杉木良种论文集 [M]. 广州：广东科技出版社，496-500.

宋跃，甄成，张含国，等，2016. 长白落叶松胚性愈伤组织诱导及体细胞胚胎发生 [J]. 林业科学，52（10）：45-54.

唐丽芊，2016. 拟南芥体细胞胚胎发生中基因调控网络的建立及调控因子的功能分析 [D]. 泰安：山东农业大学 .

王毅，郑仁华，陈孝丑，等，2007. 杉木种质资源保存利用现状及发展策略 [J]. 福建林业科技，34（1）：128-132.

王章荣，2012. 高世代种子园营建的一些技术问题 [J]. 南京林业大学学报：自然科学版，36（1）：8-10.

肖玉菲，刘海龙，刘雄盛，等，2018. 澳洲茶树组培继代芽瓶外生根技术研究 [J]. 西部林业科学，47（2）：86-90.
叶培忠，陈岳武，1964. 杉木自然类型的研究 [J]. 林业科学，9（4）：297-309.
曾志光，杨先锋，肖复明，等，2001. 陈山红心杉材性变异及其基因资源利用的研究 [J]. 江西林业科技，3：1-6，39.
张华新，沈熙环，2002. 林木种子园生殖系统研究进展 [J]. 林业科学，38（2）：129-134.
张丽杰，2006. 取材时期对水曲柳合子胚外植体体细胞胚胎发生的影响 [D]. 哈尔滨：东北林业大学.
张志毅，李善文，何占国，2006. 中国杨树资源与杂交育种研究现状及发展对策 [J]. 河北林业科技，S1：20-24.
郑会全，胡德活，王润辉，等，2013. 乐昌油杉优树资源调查及收集区营建 [J]. 西南林业大学学报，33（1）：22-26.
郑仁华，2005. 杉木遗传育种研究进展与对策 [J]. 世界林业研究，18（3）：63-65.
周键，孙建波，彭明，2008. 高等植物体细胞胚胎发生的研究进展 [J]. 中国农学通报，24（2）：129-133.
Bradbury P J，Zhang Z，Kroon D E，et al.，2007. TASSEL: Software for association mapping of complex traits in diverse samples[J]. Bioinformatics，23: 2633-2635.
Hakman I，Arnold S V，1985. Plantlet regeneration through somatic embryogenesis in *Picea abies*（Norway Spruce）[J]. Journal of Plant Physiology，121（2）: 149-158.
Li G，Quiros C F，2001. Sequence-related amplified polymorphism（SRAP），a new marker system based on a simple PCR reaction: Its application to mapping and gene tagging in Brassica[J]. Theoretical and Applied Genetics，103: 455-461.
Malabadi R B，Mulgund G S，Nataraja K，2005. Plant regeneration via somatic embryogenesis in *Pinus kesiya*（Royle ex. Gord.）influenced by triacontanol[J]. Acta Physiologiae Plantarum，27（4A）: 531-537.
McKeand S，2015. The success of tree breeding in the southern US [J]. BioResources，10: 1-2.
Ogita S，Ishikawa H，Kubo T，et al.，1999. Somatic embryogenesis from immature and mature zygotic embryos of *Cryptomeria japonica* I: embryogenic cell induction and its morphological characteristics[J]. Journal of Wood Science，45（2）: 87-91.
Peakall R，Smouse P E，2012. GenAlEx 6.5: genetic analysis in Excel. Population genetic software for teaching and research–an update[J]. Bioinformatics，28: 2537-2539.
Stasolla C，Van Z L，Egertsdotter U，et al.，2003. The effects of polyethylene glycol on gene

expression of developing white spruce somatic embryos[J]. Plant Physiology，131（1）: 49-60.

Wu H X，Eldridge K G，Matheson A C，et al.，2007. Achievements in forest tree improvement in Australia and New Zealand 8: successful introduction and breeding of radiata pine in Australia [J]. Australian Forestry，70: 215-225.

Xiang B，Li B L，2001. A new mixed analytical method for genetic analysis of diallel data[J]. Canadian Journal of Forest Research，31（12）: 2252-2259.

附录一

DB44/T 2223—2020 杉木无性系选育技术规程

前　言

本标准按 GB/T 1.1—2009 的规定编写。

本标准由广东省林业局提出并归口。

本标准起草单位：广东省林业科学研究院。

本标准主要起草人：韦如萍、胡德活、郑会全、王润辉、晏姝。

1　范　围

本标准规定了杉木 [*Cuninghamia lanceolata*（Lamb.）Hook.] 无性系选育的材料来源、苗木培育、无性系测定、无性系选择、田间试验、建档等技术要求。

本标准适用于杉木无性系的选育。

2　规范性引用文件

下列文件对于本文件的应用是必不可少的。凡是注日期的引用文件，仅所注日期的版本适用于本文件。凡是不注日期的引用文件，其最新版本（包括所有的修改单）适用于本文件。

GB 6000　主要造林树种苗木质量分级

GB/T 16620　林木育种及种子管理术语

GB/T 14073　主要造林阔叶树种良种选育程序与要求

LY/T 1344　主要针叶造林树种优树选择技术

LY/T 1885　杉木无性系扦插育苗技术规程

DB44/T 256　杉木无性系育苗技术规程

DB44/T 778　杉木丰产林培育技术规程

3　术语和定义

GB/T 16620、GB/T 14073 和 LY/T 1344 中界定的术语和定义适用于本文件。

4 材料来源

4.1 优良单株

4.1.1 选优林分

3~7 年生杉木优良家系、种子园混系、优良种源实生林。

4.1.2 选优步骤

参见 LY/T 1344。

4.1.3 直观指标

树干通直、圆满，自然整枝良好，树冠较窄，侧枝较细，无感染有害生物。

4.1.4 生长量指标

候选树的树高（或胸径）大于其周围 8 株正常木的平均树高（或胸径）加上 3 倍标准差；或者候选树的树高及胸径之和大于其周围 8 株正常木的平均树高与平均胸径之和，再加上树高及胸径的 5 倍标准差。

4.2 超级苗

4.2.1 来 源

杉木优良种源、优良家系、优良类型及种子园子代培育的 1 年生实生苗。

4.2.2 选择步骤

按以下步骤进行选择：

（a） 确定待选超级苗；

（b） 在待选超级苗周围，设置 $1m^2$ 的样方，实测样方内每株苗木的高度；

（c） 计算样方内苗木总体平均高及其标准差；

（d） 综合评选；

（e） 复核。

4.2.3 直观指标

苗干通直、根系发达、顶芽完整、无感染有害生物。

4.2.4 生长量指标

待选超级苗的苗高达到出圃要求（见 GB 6000），并且大于实测样方内苗木平均高加上 2 倍标准差。

5 苗木培育

采用实生超级苗基部萌芽或优良单株基部萌芽为材料，进行无性系扦插育苗或组培育苗，育苗技术 参见 LY/T 1885 和 DB44/T 256。

6 无性系测定

6.1 试验地

试验地选择和整地方式参见 DB44/T 778。同一试验区应保持连续和完整，土壤条件基本一致。

6.2 试验设计

试验林株行距（2.0~2.5m）×（2.0~2.5m）。参试无性系个数不限,以 50 个或 100 个为一组。宜采用随机完全区组设计，小区株数为 2~4 株，重复次数为 5~10 次，并增设 1~2 个共同对照。对照采用本地生产种、种子园混合种或优良种源的实生苗。重复和小区排列方式参见附录 1-A。应设长方形重复和小区，每个重复的长边平行于等高线，小区垂直于等高线方向设置。每块试验地周围的保护行不少于 2 行。

6.3 栽 植

宜在冬末至翌年 4 月上旬，植穴内土壤被雨水淋透后的阴雨天造林。同一地点内的造林时间不超过 3 天，保护行与试验株同时定植。

6.4 试验林管理

造林后 1 个月内，按照设计图进行缺株补植，并核对定植图。试验林其他管理参见 DB44/T 778。

7 无性系选择

7.1 生长量测定

宜在造林第 4 年进行无性系早期生长性状测定，第 7 年进行无性系决选生长性状测定。测量时应全林测定树高、胸径，读数分别精确到 0.1m 和 0.1cm。调查表格参见附录 1-B 的表 B.1。

7.2 材性测定

宜在造林第 5 年起进行。每个无性系采样株数不少于 6 株，每个小区采样株数不少于 1 株，以胸径最大者为采样株。测定表格参见附录 1-B 的表 B.2。

7.3 选 择

7.3.1 方 法

分两个步骤进行：

（a） 速生型无性系选择；

（b） 速生优质型无性系选择。

7.3.2 指 标

7.3.2.1 速生型无性系

无感染有害生物，同时满足以下 5 个条件的无性系可候选为速生型无性系：

（a）与对照比较，材积达较显著差异水平以上；

（b）材积现实增益 >30%；

（c）材积比测定林的平均值 >30%；

（d）材积表现水平 >65；

（e）每块试验林的入选率≤ 15%。

7.3.2.2　速生优质型无性系

对候选的速生型无性系，满足以下 2 个条件的可候选为速生优质型无性系：

（a）木材基本密度大于测定林平均值；

（b）心材比、管胞长 / 宽、干缩性、吸水性等其他材性指标优于对照。

8　区域试验

8.1　材　料

经无性系测定新选出的无性系。

8.2　区　域

试验地选择方法和立地要求参见 DB44/T 778。

8.3　设　计

每个无性系的试验区域应在 3 个以上。宜采用随机完全区组设计，4 行 ×4 列或 5 行 ×5 列块状小区，3~5 次重复；对照采用本地生产种、种子园混合种或优良种源的实生苗，也可采用生产常用的无性系苗。

8.4　试验林管理

执行上述 6.4 的要求。

8.5　评　价

8.5.1　方　法

执行上述 7.1、7.2、7.3 的要求。

8.5.2　指　标

见表 1。

表 1　无性系区域测定评价指标

无性系类型	评价指标	适生性
广域速生（优质）型	（a）在所有测定林内，与对照比较，材积达较显著差异水平以上，无感染有害生物； （b）速生优质型无性系，木材基本密度还应优于测定林平均水平。	全区域
局域速生（优质）型	（a）在部分测定林内，与对照比较，材积达较显著差异水平以上，无感染有害生物； （b）速生优质型无性系，木材基本密度还应优于测定林平均水平。	部分区域

9　建　档

9.1　档案内容

主要包括田间试验设计排列示意图（附录 1-A）、生长量调查表（附录 1-B 表 B.1）、材质性状调查表（附录 1-B 表 B.2）、无性系登记表（附录 1-B 表 B.3）等。

9.2　档案管理

指定专人管理技术档案，及时整理、装订、归档，并永久保存。

附录 1–A
（资料性附录）

田间试验设计排列示意图

重复	1 小区	2 小区	3 小区	4 小区	…	100 小区
I	3	1	4	5	…	2
	3	1	4	5	…	2
II	10	15	39	44	…	4
	10	15	39	44	…	4
III	35	45	25	22	…	50
	35	45	25	22	…	50
Ⅳ	12	24	35	33	…	55
	12	24	35	33	…	55
V	11	14	18	1	…	3
	11	14	18	1	…	3

注：示意图为 100 个参试无性系，2 株小区，5 次重复的田间试验设计排列示意图；其他试验设计可参照此图进行排列。

附录 1-B
（资料性附录）
无性系调查登记表

表 B.1　无性系生长量调查表

测定林编号：________测定年度：________小班号：________测定林建设时间：________

测定林建设方式：________

行号	株号	无性系号	树高（m）	胸径（cm）	冠幅（m）	备注

调查人：　　　　　　　　　　　　　　调查时间：

表 B.2　无性系材质性状调查表

测定林编号：________测定年度：________小班号：________测定林建设时间：________

测定林建设方式：________

行号	株号	无性系号	木材密度	心材比	管胞长度	管胞宽度	吸水性	干缩性	备注

调查人：　　　　　　　　　　　　　　调查时间：

表 B.3　无性系登记表

无性系号	亲本来源	选育单位	选育时间	选育地点	年均高生长量（m/年）	年均胸径生长量（cm/年）	特性	鉴定、认定、审定情况

附录二

DB44/T 256—2013 杉木无性系育苗技术规程

前　言

本标准代替 DB44/T 256—2005《杉木无性系育苗技术规程》。

本标准与 DB44/T 256—2005 相比，主要有以下变化：

——增加了杉木无性系扦插容器苗培育的技术要求；

——增加了杉木无性系组培育苗的技术要求；

——取消了 14 个术语与定义，直接引用 GB/T 16620 中已界定的术语和定义；

——调整了章节 4、5、6、7 的结构；

——取消了原附录 A 和附录 B；根据现有无性系育苗技术要求，重新规定了附录 2-A 和附录 2-B。本标准按 GB/T 1.1—2009 的规定编写。

本标准由广东省林业厅科技与交流合作处提出。

本标准由广东省林业厅归口。

本标准起草单位：广东省林业科学研究院。

本标准主要起草人：胡德活、韦如萍、王润辉、晏姝、郑会全。

本标准于 2005 年首次发布。

1　范　围

本标准规定了杉木 [*Cunninghamia lanceolata*（Lamb.）Hook.] 无性系育苗的采穗圃营建、扦插育苗、组培育苗、苗木出圃和建档等技术要求。

本标准适用于杉木无性系规模化育苗。

2　规范性引用文件

下列文件对于本文件的应用是必不可少的。凡是注日期的引用文件，仅所注日期的版本适用于本文件。凡是不注日期的引用文件，其最新版本（包括所有的修改单）适用于本文件。

GB 6000　主要造林树种苗木分级

GB/T 6001　育苗技术规程

GB/T 16620　林木育种及种子管理术语

3 术语和定义

GB/T 16620 界定的及下列术语和定义适用于本文件。

3.1 采穗圃 cutting orchard

用优良无性系作材料种植，培育品质优良的根颈萌条的圃地。

4 采穗圃营建

4.1 建圃材料

采用杉木优良无性系繁殖的扦插苗或组培苗。

4.2 圃地准备

4.2.1 圃地选择

宜选择交通方便、地势平缓（坡度不超过 20°）、排水良好、土壤疏松肥沃、靠近水源、光照充足、管理方便的地方建立圃地。

4.2.2 整 地

缓坡地采用水平带状加撩壕整地，带距 120cm，壕深 50cm，壕宽 50cm，表土回壕。平地可全面整地，沿东西走向作畦，畦长依地形确定，畦宽 120cm，畦高 20~30cm，畦距 30~40cm，四周开设排水沟。

4.2.3 基 肥

栽植前施基肥，一般施复合肥（N、P_2O_5、K_2O 的总含量应大于 25% 其中 K_2O 含量不低于 4%，下同）15~20g/ 株，沟施或穴施。

4.3 栽 植

4.3.1 时 间

宜 2~4 月栽植。

4.3.2 密 度

坡地圃地单行栽植，株距 55~65cm，即 11500~13600 株 /hm^2。平坦圃地双行栽植，株距 60~80cm，即 14000~18700 株 /hm^2。

4.3.3 方 法

宜采用 1 年生苗，苗高≤40cm 宜直立栽植，>40cm 宜适度斜栽，苗木根颈处与畦面持平，然后回土压实，培土厚 8~10cm，最后淋透水。

4.4 采穗圃管理

4.4.1 压干促萌

栽植当年 8~9 月，将母株根颈部分松土扒开，用铁钩或带有钩的木桩、竹桩在母株离畦面 1/3 处钩住主干并将其压弯，插入土中使母株主干与畦面的夹角不超过 30°，压弯点在根颈处，铁钩可用长 50cm、直径 4mm 的铁线或 7mm 的钢筋制成。

4.4.2 截 顶

每年 8~9 月，把植株高度超过 80cm、侧枝超过 20cm 的部分截去，控制树高在 100cm 左右，冠幅在 50cm 左右。

4.4.3 穗条管理

每年 10 月至翌年 4 月的扦插季节，于采穗母株根颈部萌条半木质化时剪取，不留优势萌条。每年 5~9 月的非扦插季节，每隔 1 个月左右进行一次除萌，应紧贴母株蔸部剪切萌条，不留苗桩。

4.4.4 追 肥

宜在每次采穗条后施肥，每次施复合肥 15~20g/ 株。

4.4.5 换 干

植株定植后第 4 年作首次换干，以后每隔 2 年换一次。于 8 月后靠近畦面截去主干，从根颈部萌条中选择一株健壮萌条作新主干，翌年 9 月将新主干按 4.4.1 方法压干促萌。

4.4.6 母株使用年限

6~8 年。

5 扦插育苗

5.1 插床准备

5.1.1 圃地选择

根据造林地就近设置，宜选择排灌良好、管理方便、土壤疏松、肥沃、沙质壤土的新开荒地或农田作扦插圃。

5.1.2 裸根苗插床

5.1.2.1 整 地

扦插前一个月深翻土壤，细致整地后筑床，规格依地形而定，一般床高宜 25~30cm，床宽宜 1.0~1.2m，步道宽宜 20~30cm。

5.1.2.2 施基肥

用量为火烧土 35000~38000kg/hm^2，腐熟饼肥或复合肥 1000~1500kg/hm^2。

5.1.2.3 消 毒

扦插前 5~7 天可用 0.1%~0.3% 的高锰酸钾溶液喷淋插床。

5.1.2.4 轮 作

扦插圃地不宜连作，宜与绿肥、水稻等轮作，不宜与花生、番薯等轮作。

5.1.3 容器苗插床

5.1.3.1 苗床整理

苗床宽宜 1.0~1.2m，步道宽宜 20~30cm，长度依地形而定，其他措施按 LY/T 1000 执行。

5.1.3.2 育苗容器

采用塑料薄膜育苗容器，规格一般为（5.5~6.5）cm（直径）×（8~10）cm（高）。

5.1.3.3 育苗基质

基质成分为 98% 黄心土和 2% 磷肥或复合肥。黄心土过筛，筛孔规格 1.3cm × 1.3cm，磷肥、复合肥打碎成粉末状，再与黄心土充分拌匀；基质装至容器上缘并压实。

5.2 穗 条

5.2.1 采 集

紧贴根颈部剪切萌条，采后培土。采下的萌条应及时保湿，并进行编号记录。

5.2.2 处 理

选择无侧枝、半木质化至木质化、长 6cm 以上、粗 0.2cm 以上的穗条。长度超过 10cm 的穗条，在离顶芽 10cm 处截断，选用带顶芽的一段（梢段）为插穗。斜削穗条切口呈马蹄形，要平滑、不破皮、不劈裂。

5.2.3 消 毒

可在扦插前用 0.1%~0.2% 的高锰酸钾溶液浸泡穗条基部 5~10min 进行消毒。

5.2.4 贮 存

穗条宜随采、随插，当天插不完的穗条应直立于庇荫和流动的浅水中。

5.3 扦 插

5.3.1 时 间

10 月至翌年 4 月；有霜冻地区应做好相应预防措施。

5.3.2 密 度

行距 18~20cm，株距 5~6cm。

5.3.3 操 作

在整好的圃床上或育苗容器内，用削尖的木棍或竹签插孔，插孔深度要比插穗长稍浅，将插穗切口处沾上黄泥浆后插进孔内，用木棍或竹签挤压插穗旁边土壤，使插穗与土壤紧密接触，插后淋透水。

5.4 扦插后管理

5.4.1 遮阴与保湿

扦插后立即遮阴，可用遮光度为80%~90%遮光网。在床面搭盖塑料薄膜拱棚或在行间覆盖稻草进行保湿。

5.4.2　水分管理

晴天每天浇水或喷雾一次，保持土壤湿润至插穗生根。连续干旱时可夜灌日排，灌水至苗床高2/3处。雨后应及时排除积水。

5.4.3　追　肥

插穗生根后宜采用喷施法进行施肥，每年宜施用复合肥或尿素3~4次，每次用量为60~75 kg/hm^2。第一次浓度为0.1%~0.2%,以后浓度为0.3%~0.5%。10月以后不再追肥。

5.4.4　除草与除萌

及时除草。及时抹去或剪去插穗上多余萌芽及萌条，1苗保留1干。

5.4.5　病虫害防治

苗期常见病害为猝倒病（立枯病），可用100~150倍波尔多液在扦插后每15~20天喷雾一次，连续2~3次，其他病害参照GB/T 6001相关措施进行防治。

6　组培育苗

6.1　培养基

6.1.1　基本培养基

宜采用MS为基本培养基。

6.1.2　培养基灭菌

采用高压蒸汽灭菌器进行湿热灭菌，一般在压力1.1~1.2kg/cm^2、温度121~125℃条件下灭菌20min。

6.2　外植体材料

6.2.1　材料选择

选择杉木优良无性系基部幼嫩萌条做外植体。

6.2.2　采集时间

于晴天露水干后采集外植体。

6.2.3　灭　菌

6.2.3.1　预处理

去除所有叶片，剪取长2~3cm的幼嫩茎段，用中性洗衣粉加少许吐温浸泡并振荡3~5min，然后用自来水冲洗10~15min。

6.2.3.2　消　毒

在超净台上，将预处理过的外植体用75%的酒精溶液浸泡，轻轻振荡，30~50s后倒出酒精，用无菌水冲洗 3~5 次，然后再用 0.5%~2.0% 的次氯酸钠溶液浸泡外植体 10~15min，轻轻振荡，倒出灭菌液后用无菌水冲洗 3~5 次。

6.3 接种操作

6.3.1 接种设施灭菌

接种操作前应打开操作间、缓冲间紫外灯灭菌 30min，关紫外灯 15~20min 后方可进入室内；超净工作台也应提前 30min 打开通风机和紫外灯灭菌；接种器械先用 75% 酒精擦拭，然后在电热灭菌器中 150~250℃灭菌 30s 以上，取出晾放 2min 以上备用；接种人员应用 75% 的酒精仔细擦拭双手。

6.3.2 接 种

在超净台上，一次取一瓶苗放于无菌碟子上，碟子离风窗 10~20cm，在碟子斜上方用手术刀和镊子分离丛芽，长度超过 3cm 的芽，应切割为约 1.5cm 长的芽段，然后接种到 250mL 的培养瓶中。增殖培养每瓶接 12~15 株单芽或 8~10 个丛芽，生根培养每瓶接 10~12 株单芽，接种深度以芽苗不倒为宜。接种后，器械按 6.3.1 的要求灭菌。

6.3.3 封 口

每个培养瓶接好苗后应及时盖上瓶盖，其松紧度以用手转不动为准。

6.3.4 记 录

每日应统计接种情况，包括无性系编号、培养基类型、接种工编号、接种日期、接种数量等。

6.4 培养条件

温度控制在（25 ± 2）℃，相对湿度 50%~60%，光照强度 1500~3000lx，光照时间每天 12~16h。保持培养室清洁，每周应用 0.1% 新洁尔灭等消毒液抹地板、门窗等，还应打开紫外灯消毒 30 min。

6.5 瓶苗移栽

6.5.1 炼 苗

宜在幼苗基部长出 3 条以上长 1~3cm 的新根时进行炼苗；将培养瓶放置在塑料大棚自然散射光下，封口炼苗 7~15 天。

6.5.2 基 质

可采用泥炭土 + 珍珠岩 + 蛭石（3 ∶ 1 ∶ 1 比例）或新鲜红泥为基质，定植前 1~2 天宜用 0.5g/L 多菌灵等溶液淋透。

6.5.3 季 节

宜在春季或秋冬季的阴雨天移栽。

6.5.4 方 法

移栽时应用清水洗去组培苗基部培养基，然后将根系放入植穴内，扶正苗木，覆土压实，移栽后淋透水，并在苗床上搭建塑料薄膜小拱棚。

6.5.5 相对湿度

移栽后 2~3 周内，相对湿度控制在 80%~100%，此后逐渐降低湿度至 60% 左右，8~10 周后完全打开薄膜小拱棚。

6.5.6 光 照

移栽 4 周内，薄膜拱概内的光照强度控制在 5000~10000lx，4 周后逐渐增大光照强度。

6.5.7 施 肥

移栽成活后，可用 N：P：K=20：10：20，浓度为 1500 倍的液肥，每月喷施一次，移栽 3 个月后，视植株生长情况，浓度可逐渐增加。

6.5.8 喷 药

移栽 1 个月后，每周喷施百菌清或多菌灵等杀菌剂 1000~1500 倍液。

7 苗木出圃

7.1 扦插苗分级

大田培育的扦插裸根苗参照 GB 6000 中杉木插条苗标准进行分级。扦插容器苗按 LY/T 1000 中杉木容器苗出圃规格执行。

7.2 组培瓶苗质量

苗木粗壮、挺直，叶片大小协调、色泽正常，有新鲜根系（一般 3 条以上）、色白健壮、长 1cm 以上，同一批次 90% 以上的苗高达到 3cm 以上。

7.3 包 装

7.3.1 扦插裸根苗

按无性系顺序起苗、浆根、包装、附上标签。

7.3.2 组培瓶苗

生根组培苗洗去琼脂后，先装入小塑料盒，再放在泡沫箱里，箱外再用纸箱包装，附上标签。

7.3.3 容器苗

按 LY/T 1000 执行。

7.3.4 运 输

组培瓶苗装车时切勿倒置，运输过程中避免泡沫箱破裂，3 天内到达目的地种植。容器苗在搬运时要注意保持土球不松散，其他措施参照 LY/T 1000 执行。

8 建 档

8.1 档案内容

采穗圃定植图、采穗圃经营卡（见附录 2-A）、无性系背景资料（见附录 2-B）及扦插圃无性系排列图。

8.2 档案管理

指定专人管理，并及时归档、整理、装订。技术档案永久保存。

附录 2-A
（规范性附录）
杉木采穗圃经营卡

1. 地点：	栽植时间：		面积（m^2）：
2. 无性系来源：			
无性系数：		总株数：	
3. 整地方式：			
4. 抚育时间及次数：			
施肥时间、次数、肥料种类及数量：			
修剪时间及次数：			
5. 采穗时间及次数：	穗条数量：		
填卡人：	时间：		

附录 2-B
（资料性附录）
杉木无性系背景资料

无性系编号	亲本来源	选育单位	选育时间	选育地点	年均高生长量（m/ 年）	年均胸径生长量（cm/ 年）	特性	鉴定、认定、审定情况

附录三

DB44/T 1533—2015 杉木种子园营建技术规程

前　言

本标准按照 GB/T1.1—2009 给出的规则起草。

本标准由广东省林业厅科技与交流合作处提出。

本标准由广东省林业厅归口。

本标准起草单位：广东省林业科学研究院。

本标准主要起草人：郑会全、胡德活、韦如萍、王润辉、晏姝。

本标准首次发布。

1　范　围

本标准规定了杉木 [*Cunninghamia lanceolata*（Lamb.）Hook.] 种子园的规划设计、建园、经营管理、建档等技术要求。

本标准适用于杉木种子园的营建与管理。

2　规范性引用文件

下列文件对于本文件的应用是必不可少的。凡是注日期的引用文件，仅注日期的版本适用于本文件。凡是不注日期的引用文件，其最新版本（包括所有的修改单）适用于本文件。

GB/T　16620 林木育种及种子管理术语

GB 8822.2　中国林木种子区——杉木种子区

LY/T 1384　杉木速生丰产用材林

《森林防火条例》（中华人民共和国国务院令）

3　术语和定义

GB/T 16620 界定的以及下列术语和定义适用于本标准。

3.1　第二代无性系种子园 second generation clonal seed orchard

由第一代优树群体（第一代育种群体）经控制授粉产生子代，并进行测定、选择出的优良家系中的优良单株，辅以其他来源优异单株或无性系，通过无性繁殖营建的种子园。

3.2 第二代改良无性系种子园（2.5 代种子园）two and a half generation seed orchard

第二代无性系种子园经子代测定确认为遗传品质优良，且开花结实习性符合要求的部分亲本无性系营建的种子园。

3.3 高世代无性系种子园 multigeneration clonal seed orchard

由收集保存的第二代或以上的优树群体（第二代或以上的育种群体）经控制授粉产生子代，并进行测定、选择出的优良家系中的优良单株，辅以其他来源优异单株或无性系，通过无性繁殖营建的种子园。

4 规划设计

4.1 园址选择

4.1.1 地 域

选择 GB 8822.2 划定的杉木种子区。

4.1.2 园址条件

海拔低于 400m，地势较平缓，坡度不超过 25°，光照充足；土层厚度大于 1m，肥力中等以上、透气性和排水良好的壤土，以黄壤最佳，土壤 pH 值 5.5~7.0；要求交通较方便，有扩建的余地，无检疫性病虫害、农畜损害不严重；排水不良、风口以及易发生冻害、冰雹地段均不能选作园址。

4.2 布 局

4.2.1 总体布局

包括种子园及其配套的优树收集圃、子代测定区和办公生活区及道路、防火系统等。

4.2.2 园区布局

种子园布置为若干大区，大区下设置小区，连接成片；大区面积宜 3.0~10.0hm^2，小区面积宜 0.3~1.0hm^2；大区界宽 4~6m，小区间隔道宽 1~2m；花粉隔离带 250m 以上。

4.3 规 模

按种子园供种范围的用种量、单位面积产种量确定种子园建设规模，一般在 10hm^2 以上。

4.4 供种范围

供应包括种子园亲本原产地及与原产地生态条件相似的地区，供种范围由适宜区至次适宜区。

5 建 园

5.1 整 地

全面清除采伐剩余物、乔木、灌丛、竹藤;沿等高线环山作带状梯田，带宽1.5~2.0m。

5.2 定植（嫁接）密度

株行距为（4~6）m×（4~6）m。

5.3 植穴规格和基肥

植穴60cm×60cm×50cm，每穴施300~500g过磷酸钙（含$P_2O_5$12%）或500~1000g有机肥（有机质≥40%）作基肥，表土回穴。

5.4 建园材料

5.4.1 材料选择

采用优良种源区优树、优良家系的优良单株或经测定的优良无性系为建园材料。

5.4.2 数 量

面积在10~30hm^2的无性系种子园宜有50~100个无性系；31~60hm^2的宜有100~150个无性系；60hm^2以上的宜有150个以上无性系。改良无性系种子园所用无性系数量为同代无性系种子园的1/3~1/2。

5.4.3 母株培育

宜采用的方法如下：

（a）以嫁接为主，接穗从优树树冠中上部或采穗树上采集，以1年生顶端穗条为佳，随采随接，当天未接完的穗条可存于低温处，不宜超过10天;长途运输时要保湿、通风、防压、防高温。

（b）嫁接所用砧木由适于本地生长的优质种子培育，宜选用生长健壮、根系发达的1~3年生苗木。砧木粗度应稍大于接穗，可先在种子园内定砧后嫁接，或在苗圃地先嫁接后栽植；冬末至翌年4月上旬，雨后阴天时栽植。

（c）宜采用髓心形成层对接法嫁接，春接、秋接皆可。嫁接后用塑料薄膜带自下而上缚扎保护，微露芽眼，便于通气并防积水。秋接时需及时套袋保温。接穗成活后，适时松带、解带、砧木去萌，并设支柱护梢。建园后第3年，无性系保存率应在95%上。

5.5 配置设计

5.5.1 配置原则

（a）同一无性系植株间宜间隔3株以上，或大于20m；

（b）尽量避免无性系间有固定邻居；

（c）花期基本一致的无性系配置在同一小区。

5.5.2　配置方式

主要采用调整的随机小区排列、分组随机排列以及计算机程序排列与顺序错位排列等，具体配置方式按附录 3-A 执行。

6　经营管理

6.1　除草松土

每年 2 次，6 月、10 月进行。

6.2　追　肥

6.2.1　嫁接前追肥

定砧后前两年以复合肥或氮肥为主，结合除草松土进行（6 月），每次每株追施复合肥（N、P_2O_5、K_2O 的总含量 >25%，其中 K_2O 含量≥ 4%）200~500g 或尿素（含 N 46%）50~150g。

6.2.2　嫁接后追肥

结合除草松土进行（6 月）。前两年以复合肥（同上）为主，每次每株 200~500g；第三年后以磷钾肥为主，每次每株追施过磷酸钙（含 P_2O_5 12%）200~250g、氯化钾（含 K_2O 60%）50~150g。

6.3　辅助授粉

在种子园开花结实初期，或开花散粉期遇阴雨天气时，宜采取人工辅助授粉措施，方法如下：

（a）从 10~20 个无性系植株或优树上采集花粉，混合均匀后用滑石粉或死花粉按 1：5 比例进行稀释，在雌花授粉适期、静风时用喷洒。

（b）在雌花授粉适期，顺坡方向抖动树体，由花粉自由飘散，或使用风力灭火机强行吹动花粉飘散，以达到人工授粉目的。

6.4　树体管理

及时清除砧木萌条，疏去过密枝、弱枝、干枯枝、内向枝、下垂枝、阴枝、病虫枝和受伤枝；当树体高于 4m 时可适当断梢，矮化树体。

6.5　种子园保护

森林防火按《森林防火条例》执行；病虫害防治按 LY/T 1384 执行。

6.6　开花结实习性观察

观测各无性系雌雄花花量及其相对数量比、雌雄花花期、无性系球果产量、分布和年变化，了解各无性系球果出籽率和种子播种品质。

6.7 去劣疏伐

根据子代测定和开花结实情况对无性系种子园去劣疏伐。

7 建档

建立完整、真实的种子园营建、管理与销售记录档案，长期保存。档案主要包括上级下达的计划任务书、总体设计方案及有关图表、种子园基本情况、种子销售记录等，具体内容按照附录 3-B 填写。

附录 3-A
（规范性附录）
种子园配置方式

表 A.1 调整的随机小区配置

使各无性系在小区中占据任何位置的机会均等。若同一无性系的 2 个植株相邻，则要用其他无性系植株隔开。如下表中，30 要用其他无性系代替。

•	•	•	•	•	•	•	•	•	•	•	•	•	•	•
•	•	•	•	•	•	1~60 随机			•	•	•	•	•	•
•	•	•	•	•	•	•	•	•	•	•	•	•	•	•
41	10	1	28	30	9	18	2	20	6	48	60	55	5	38
3	4	56	15	30	7	13	18	27	12	21	8	43	57	11
•	•	•	•	•	•	•	•	•	•	•	•	•	•	•
•	•	•	•	•	•	1~60 随机			•	•	•	•	•	•
•	•	•	•	•	•	•	•	•	•	•	•	•	•	•

表 A.2 分组随机配置

将无性系划分为不同的组，每组容纳 20~25 个无性系（家系），组内随机排列，如下表所示。

1~25	26~50
51 ~75	76 ~100

表 A.3　顺序错位配置

将各无性系按号码在一行中顺序排列，但在排另一行时要错开几位，以另一号码开头（如下表示）。

如有 50 个以上无性系，可按分组随机的原则，分成不同的组，顺序错位，以减少固定邻居的比例。

1	2	3	4	5	6	7	8	9	10	11	12
13	14	15	16	17	18	19	20	21	22	23	24
25	26	27	2«	29	30	1	2	3	4	5	6
7	8	9	10	11	12	13	14	15	16	17	18
•	•	•	•	•	•	•	•	•	•	•	•

附录 3-B
（规范性附录）
种子园基本情况

表 B.1　种子园基本情况登记表

位置	________市________区（县）________镇（乡、林场）________林区________ 小地名________北纬________东经________海拔________
气候条件	年平均气温____℃，1 月积温____℃，7 月平均气温____℃，年无霜期____天，年积温____℃ 年降水量________mm，年蒸发量________mm，开花季节主风方向________ 平均风力________灾害性气候________
地形土壤	地形________坡向________坡位________坡度________ 母岩________土类________土层厚________土壤 N、P、K，有机质含量________ pH 值________腐殖质层厚度________前作________
植被情况	地被物种类________盖度（%）________
营建情况	种子园总面积________hm^2，内划分为________大区________小区 株行距________栽植密度________（株 / hm^2） 基肥种类及数量________（kg/hm^2） 砧木来源、年龄________ 接穗来源________数量________ 配置方式________定植日期________补植日期________ 嫁接成活率________%，补接次________，保存率________%
备注	

技术主管________填表人________填表日期________

表 B.2　种子园优树 / 优良无性系登记表

优树 / 优良无性系	嫁接编写	选出地点	选出时间	选择方法	使用情况	备注

登记人________登记日期________

表 B.3　种子园结实与种子品质登记表

年度________

大区	小区	球果	种子重	出籽率	种子品质						备注
					千粒重（g）	室内发芽率（%）	室内发芽势（%）	场圃发芽率（%）	1年生苗高（cm）	幼苗越冬状况	
合计 / 均值											

登记人________登记日期________

表 B.4　种子园无性系生长与材质测定记录表

________大区________小区　调查时树龄________年度________

无性系	测定株数（株）	胸径（cm）		树高（m）		单株材积（m^3）		胸径处木芯		备注
		平均	变幅	平均	变幅	平均	变幅	木材基本密度均值（g/cm^3）	管长度均值（μm）	

登记人________登记日期________

表 B.5　种子园无性系开花物候调查表

__________大区__________小区　　调查时树龄__________年度__________

无性系	观测株数（株）	平均雌花量（个）	平均雄花量（个）	雌花可授期	雄花成粉期	备注

登记人__________登记日期__________

表 B.6　种子园无性系结实量登记表

__________大区__________小区　　调查时树龄__________年度__________

无性系	调查株数（株）	结实株数（株）	球果（kg）	种子重（kg）	出籽率（%）	平均单株产种量（kg）	备注

登记人__________登记日期__________

表 B.7　种子园无性系所产种子品质登记表

年度__________

无性系	千粒重（g）	室内（%）		场圃发芽率（%）	1 年生苗高（cm）	幼苗越冬状况	备注
		发芽率	发芽势				

登记人__________登记日期__________

附　图

彩图 1　杉木良种 1 年生长势

彩图 2　杉木良种 1 年生林相

彩图 3　杉木良种 2 年生生长表现

彩图 4　杉木良种 3 年生生长表现

彩图5 杉木良种9年生林相

彩图6 杉木良种15年生林相

彩图 7 杉木系列良种审定证书

彩图 8 杉木无性系生长和材质测定

彩图 9　福建专家团来广东考察交流杉木矮化种子园丰产稳产技术

彩图 10　国际著名数量遗传学家 Harry X W（吴夏明）教授来广东考察交流杉木矮化种子园丰产稳产技术

彩图 11　项目组在国际 Camcore 论坛中与同行专家交流杉木育种经验

彩图 12　中国林业科学研究院热带林业研究所杨锦昌研究员到龙山林场杉木种子园考察交流

彩图 13　南粤林业科学技术奖获奖证书

彩图 14　广东省科技进步奖获奖证书

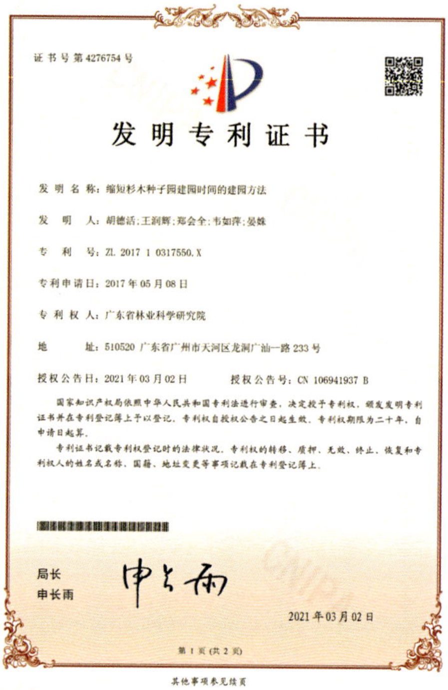
证书号第4276754号

发明专利证书

发 明 名 称：缩短杉木种子园建园时间的建园方法

发 明 人：胡德活；王润辉；郑会全；韦如萍；晏姝

专 利 号：ZL 2017 1 0317550.X

专利申请日：2017年05月08日

专 利 权 人：广东省林业科学研究院

地 址：510520 广东省广州市天河区龙洞广汕一路233号

授权公告日：2021年03月02日 授权公告号：CN 106941937 B

国家知识产权局依照中华人民共和国专利法进行审查，决定授予专利权，颁发发明专利证书并在专利登记簿上予以登记。专利权自授权公告之日起生效。专利权期限为二十年，自申请日起算。

专利证书记载专利权登记时的法律状况。专利权的转移、质押、无效、终止、恢复和专利权人的姓名或名称、国籍、地址变更等事项记载在专利登记簿上。

局长
申长雨

2021年03月02日

第1页（共2页）

其他事项参见续页

彩图15 种子园建园技术专利证书

证书号第3278117号

发明专利证书

发 明 名 称：杉木组培苗生根培养和炼苗的方法

发 明 人：胡德活；韦如萍；郑会全；晏姝；王润辉

专 利 号：ZL 2016 1 0755011.X

专利申请日：2016年08月29日

专 利 权 人：广东省林业科学研究院

地 址：510520 广东省广州市天河区龙洞广汕一路233号

授权公告日：2019年03月05日 授权公告号：CN 106376461 B

国家知识产权局依照中华人民共和国专利法进行审查，决定授予专利权，颁发发明专利证书并在专利登记簿上予以登记。专利权自授权公告之日起生效。专利权期限为二十年，自申请日起算。

专利证书记载专利权登记时的法律状况。专利权的转移、质押、无效、终止、恢复和专利权人的姓名或名称、国籍、地址变更等事项记载在专利登记簿上。

局长
申长雨

2019年03月05日

第1页（共2页）

其他事项参见背面

彩图16 组培繁育技术专利证书